网络安全为人民
网络安全靠人民
——网络安全科技馆画册

◆ 张 丽 邹 宏 李跃进 编著

電子工業出版社

Publishing House of Electronics Industry

北京·BEIJING

内容简介

本书以图文结合的形式，介绍了国内第一个网络安全科技馆 200 余项展品展项的基本情况，展示了该馆投入运营以来秉承"网络安全为人民、网络安全靠人民"立馆宗旨，开展科普活动、网络安全教育、普法工作、惠民活动的典型案例，以及落实"聚焦安全、支撑强网、服务产业、助力科普"建馆理念的具体活动。

本书可以作为网络安全领域开展科普活动的学习读物，也可以作为公众了解网络安全知识的科普读本，还可以作为数字化建设领域科技馆建设运营的参考材料。

图书在版编目（CIP）数据

网络安全为人民 网络安全靠人民：网络安全科技馆画册 / 张丽，邹宏，李跃进编著 . —北京：电子工业出版社，2021.7
ISBN 978–7–121–41563–0

I. ① 网… II. ① 张… ② 邹… ③ 李… III. ① 计算机网络—网络安全—画册 IV. ① TP393.08–64

中国版本图书馆 CIP 数据核字（2021）第 137297 号

责任编辑：章海涛
印 刷：北京利丰雅高长城印刷有限公司
装 订：北京利丰雅高长城印刷有限公司
出版发行：电子工业出版社
 北京市海淀区万寿路 173 信箱 邮编：100036
开 本：889×1194 1/12 印张：16.5 字数：196 千字
版 次：2021 年 7 月第 1 版
印 次：2021 年 7 月第 1 次印刷
定 价：912.00 元

凡所购买电子工业出版社图书有缺损问题，请向购买书店调换。若书店售缺，请与本社发行部联系，联系及邮购电话：（010）88254888，88258888。
质量投诉请发电子邮件至 zlts@phei.com.cn，盗版侵权举报请发电子邮件至 dbqq@phei.com.cn。
本书咨询联系方式：（010）88254539。

序 言

　　网络安全科技馆是国内外首家以网络安全为主题的科技馆，展陈面积约 1.5 万平方米，融入九曲黄河、殷墟甲骨等鲜明厚重的中原文化元素，设有 220 余套展项和 1700 余件展品，覆盖网络安全、人工智能、大数据、移动通信、量子科技等多个学科领域和产业范畴，围绕网络安全实现体系化、可视化、实体化展示，让群众更加直观地了解身边的网络安全，是普及网络安全知识、汇聚产业力量、展示创新成果、繁荣精神家园的新平台。

　　网络安全科技馆建成投用以来，以"网络安全为人民，网络安全靠人民"为立馆之本，承办了 2020 年国家网络安全宣传周系列活动、"强网杯"全国网络安全挑战赛、全民网络安全知识竞赛、DEF CON CHINA、量子信息与网络安全人才培养研讨会等活动，接待参观人员近 20 万人，线上曝光量超过 8000 万。同时与上海科技馆结成"手拉手"共建单位，与李白烈士故居、延安枣园旧址等 10 家革命纪念馆建立共建基地，被国内 11 家一流网络安全学院确定为教学实践基地，已成为国内网络安全人才培养和科学普及的重要基地。

　　网络安全科技馆发挥科普资源富集的优势，打造了国内外首个移动式、小型化、全封装的网络安全教育平台，并开启"走遍河南的网安馆"活动，已走过开封、安阳等 19 个地市，受邀参展广州 110 警察节、数字中国峰会等活动。深入学校、商圈、社区、乡村、文化场所开展网络安全科普教育、"反诈"专题教育、行业主题教育，覆盖人数超过 50 万人，已经成为一支宣传网络安全知识、服务人民群众的"轻骑兵"。

目 录

西美高新 *Ximei High-Tech*

郑州高新技术产业开发区管理委员会

晚霞中的天鹅 摄影：王长青

河阳路天健湖　摄影: 王长青

天健湖日落（夏天）

展馆风貌 *Exhibition Hall Style*

5G自动驾驶微循环 "小宇"

"小宇"是面向园区游览、公交接驳、未来自动驾驶共享出行等场景自主研发的一款自动驾驶巴士，是智慧出行的重要一环。

智慧出行，让未来更美好
智慧出行解决方案以聪明的车、智慧的路、泛在的云、无人场站、数字化站台、5G网络六个方面为核心，建设城市智慧出行交通系统，服务乘客美好出行。

安全防护，让出行更放心
基于国产自主安全芯片等全方位智能网联安全防护体系，"小宇"可实现周边360°环境感知，超大观景视野设计和贴心的低踏步、低地板设计为乘客出行保驾护航。

5G 无人车

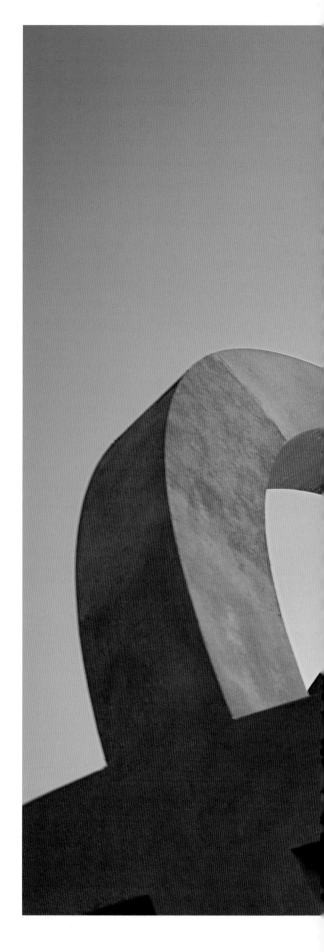

天健湖公园雕塑（命运共同体）

网络安全科技馆夜景灯光秀

精品陈列
Best Exhibits Display

　　网络安全科技馆位于郑州国家高新技术产业开发区，是 2020 年国家网络安全宣传周的核心场馆，是"强网杯"全国网络安全挑战赛的永久赛场。网络安全科技馆以"网络安全为人民、网络安全靠人民"为立馆之本，秉持"聚焦安全、支撑强网、服务产业、助力科普"的建设理念，围绕个人、政企、社会等百姓身边的场景，设置了 200 多个展项和 1700 多件展品。网络安全科技馆是国内国际首个网络空间领域的主题馆，特色鲜明、内容丰富、技术领先、展示新颖，是普及网安知识、汇聚产业力量、展示创新成果、繁荣精神家园的新平台。

先导区
Pioneer Area

时空长廊

通过体感互动屏幕，展示了互联网和网络安全从 20 世纪 50 年代到 21 世纪 20 年代跨越 80 余年的演进历程和发展过程，展区设置了 16 个年代气泡和 60 余个事件触发框，介绍了不同年代、不同阶段中具有里程碑意义的重大事件，帮助观众走进互联网、了解互联网。

一层：
个人安全区
Ground Floor
Personal Information Security

网络空间，是与现实世界既相互联系又相对独立的人类活动空间。经过近 30 年的不懈建设，我国已成为世界上网络用户最多、网络覆盖范围最广、网络使用领域最大、网络技术发展最快、人民受益最大的国家，网络已成为大众学习、工作、生活的基础支撑。提升广大人民群众在网络空间的获得感、幸福感、安全感，必须遵循以人民为中心的思想，坚持"网络安全为人民、网络安全靠人民"，让维护网络安全成为全社会的共同责任。

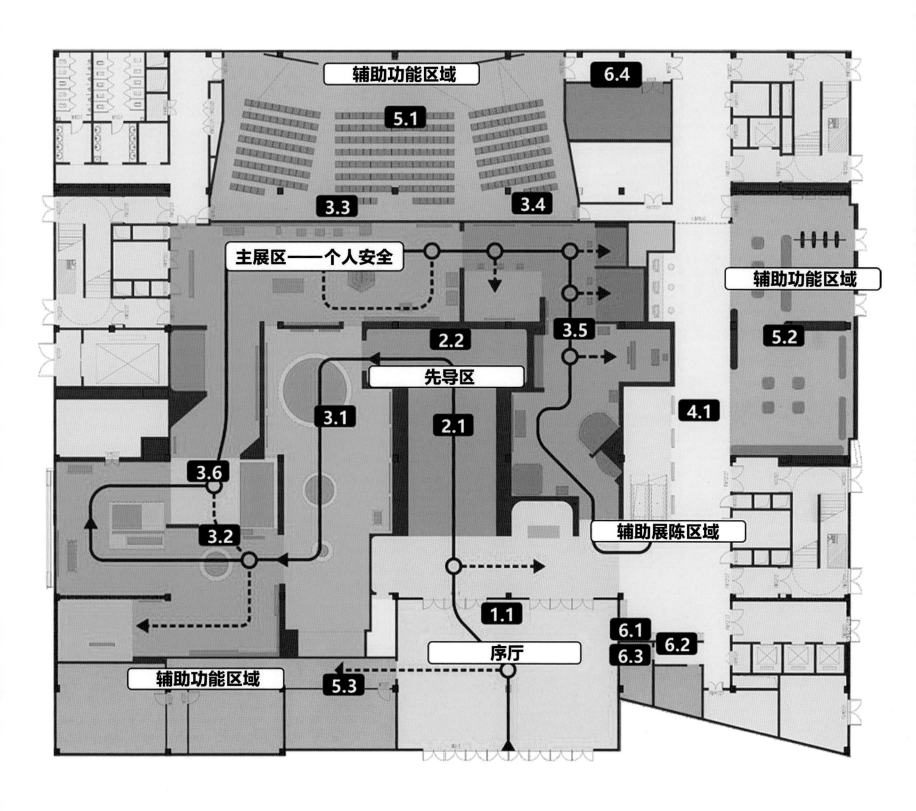

辅助功能区域

6.4

5.1

3.3 3.4

主展区——个人安全

3.5

辅助功能区域

2.2

5.2

先导区

3.1

4.1

2.1

3.6

辅助展陈区域

3.2

1.1

6.1

6.2

序厅

6.3

辅助功能区域

5.3

个人通信安全区
Personal Communication Security

随时、随地、随意、随遇的接入方式给人们的生产生活带来了巨大的便利，但由此也引发了诸多的安全风险。通过参观个人通信安全区，公众将认知身边的网络空间，探秘身边的网络安全。

我们·网络·世界

通过 266 个"跳舞"的显示屏，展示人们接入网络的不同方式、使用网络的不同场景，增强公众对虚拟世界的切身体验和进入展馆的带入感。

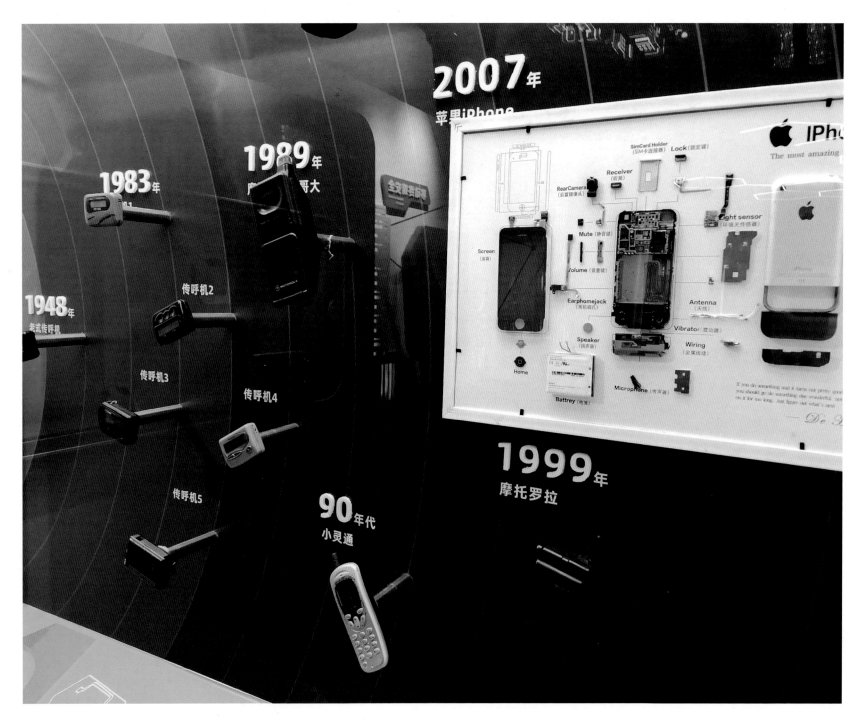

通信终端的发展

通过历史陈列展示了通信终端的发展历程，从飞鸽传书到烽火狼烟，从固定电话到无线寻呼，从"大哥大"到智能手机，通信终端的发展在不断地改变着我们的生活方式。

手机安全的秘密

通过移动滑轨屏的方式介绍 6 种常见手机安全风险知识，
通过终端安全问题引导公众认知网络空间安全问题的成
因，了解漏洞、后门等风险的基本原理。

移动终端安全

通过多媒体场景的互动形式，向公众简要介
绍典型移动终端的常用安全模块及其设置方
法，提高公众维护个人通信安全的技能。

蓝牙通信安全

通过图文交互的形式,让公众了解蓝牙给我们带来便利的同时,也成为泄露个人隐私信息的一种途径,从而提高公众在公共场合对恶意蓝牙接收设备的隐患意识。

绵羊墙

通过模拟登录的方式,让公众真正感受到无线网络攻击的危险,让一些可能遭到攻击的体验者主动地发现问题,让一些没做好加密的网络服务提供商和客户端软件原形毕露。

未来通信技术

通过图文展板展示未来通信技术知识, 包括: 可见光通信、脑
波通信和无线激光通信等; 通过多媒体补充展示可见光通信、
深空通信等知识; 通过互动小游戏让公众体验脑波对抗。

移动通信安全发展

通过互动年代照的方式，让公众在互动游戏中了解从第一代移动通信到第五代移动通信的技术演进历程和主要安全特征。

邮票见证

通过不同年代的邮票，让公众了解从"邮票"到"邮件"的发展变化，重拾邮票带给我们的美好记忆，也通过邮票功能的发展演变见证新时代的来临。

个人隐私安全区
Personal Privacy Security

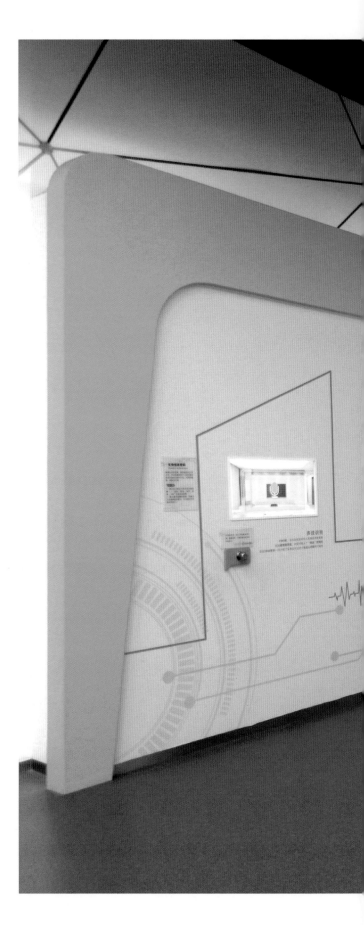

移动互联时代，"一键到达、一网通办、一次就位"渐渐成为现实。人际关系、社会关系的形成，从表面上看越发简单、便捷，但其背后的信息流来自千家万户、来自万事万物。普惠的网络空间既高效又繁复，既透明又脆弱。保护个人隐私，保障个人信息安全，维护公民在网络空间的合法权益，不但是对个体需求的人文关怀，而且是网络空间治理的基本方向。

生物信息密码

展项设置五种信息采集装置，通过红外和压力感应的方式，模拟信息采集、信息被盗用及盗用后造成的严重后果，提高公众对个人生物特征等隐私信息的防护意识。

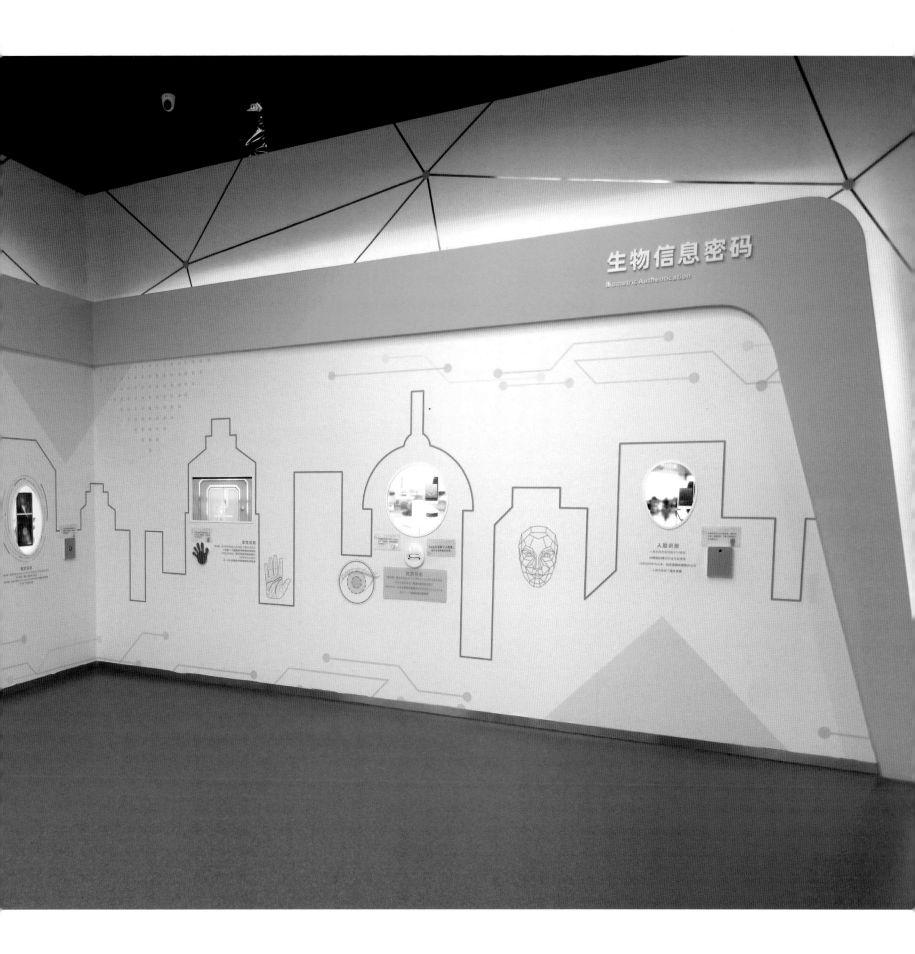

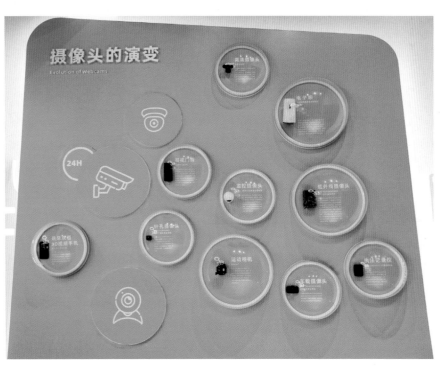

摄像头的演变

通过展示不同年代的摄像头，从双摄 3D 视频手机摄像头到中期高清摄像头，再到现在的高精度针孔摄像头，让公众了解摄像头技术的发展与演变，更加关注摄像头下的个人隐私安全。

反偷拍挑战屋

通过设置真实的酒店场景，展示个人隐私保护特别是人身物理安全方面可能面临的风险。场景中隐藏着很多针孔摄像头，公众可以借助技术手段去寻找，了解反偷拍检测技术。

魔镜

使用 AI 情绪感知技术，通过对人脸面部表情的深度学习，识别表情，体会人们的情绪。这件展品可以分析个人的情感变化，排除因情绪变化而导致的意外事件的发生。

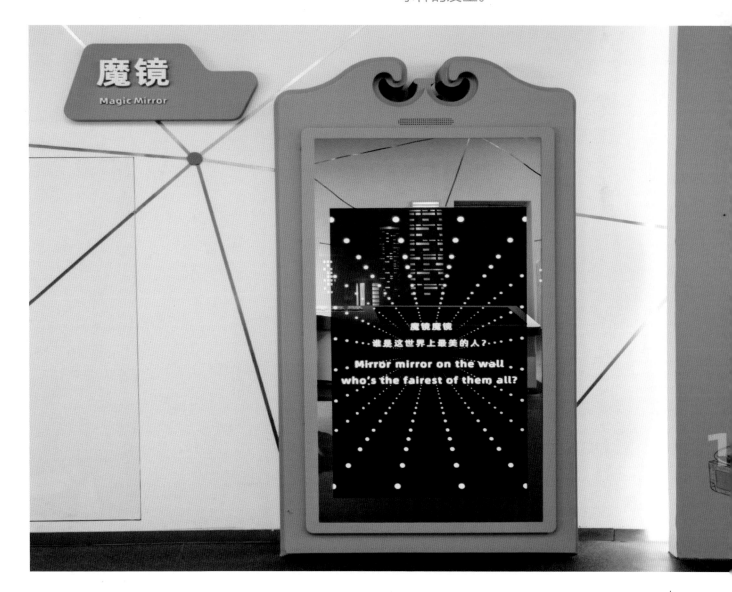

照片背后的信息

通过设置触摸屏、照相机外形的展板，以及"相机镜头"处的双层图文板，让公众了解照片背后的信息，包含：数码相机拍摄信息的内容、图像处理软件版本等；通过分析照片画面，可以得到一些隐藏的信息。

笔迹书写与安全

通过互动，展示笔迹模仿原理及笔迹机器人给书写安全带来的挑战，提醒公众保管好与自己笔迹书写相关的纸质和电子文件，以免被有心人利用，造成个人隐私泄露，影响财产安全。

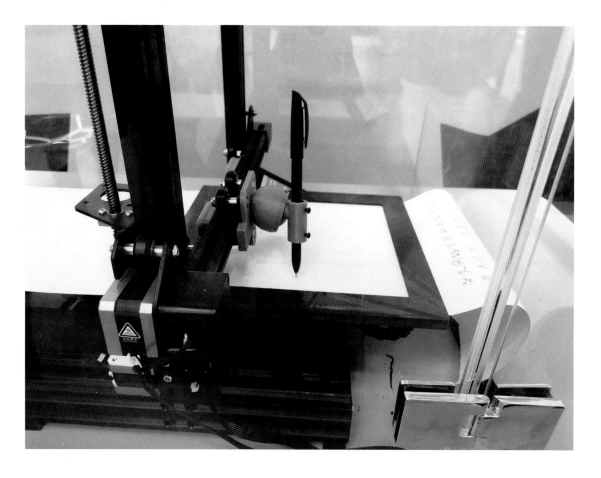

恶意手机充电桩

通过场景模拟，展示恶意手机充电桩泄露个人数据的方式。在体验者用手机连接上恶意充电桩的那一刻，如果手机已开启 USB 调试模式，充电桩就拥有了该手机的控制权限，可读取手机中的照片、联系人、短信等数据。

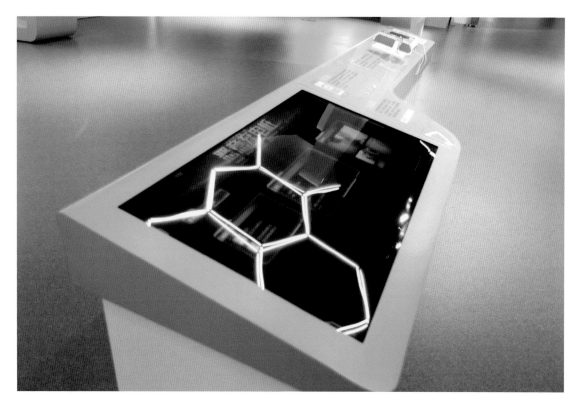

个人财产安全区

Personal Property Cybersecurity

在"互联网 +"时代，在线经济快速发展，深刻影响着人们的生产、生活方式。移动支付、线上交易、电子商务让人们的生活变得更加丰富多彩，足不出户就可以"联动全球"。但是，在线经济能否确保交易安全？如何应对风险与挑战，保护每个人的切身利益、财产安全，成为信息时代公众关注的焦点，也是技术和产业发展的热点。

二维码与安全

展项模拟了通过二维码进行诈骗的流程，诱导受害者扫描诈骗二维码付费或填写身份证号、银行卡号等个人信息，窃取用户的个人信息或通过浏览器攻击用户手机，导致用户密码被盗取，造成经济损失。

二维码与安全
QR Code and Security

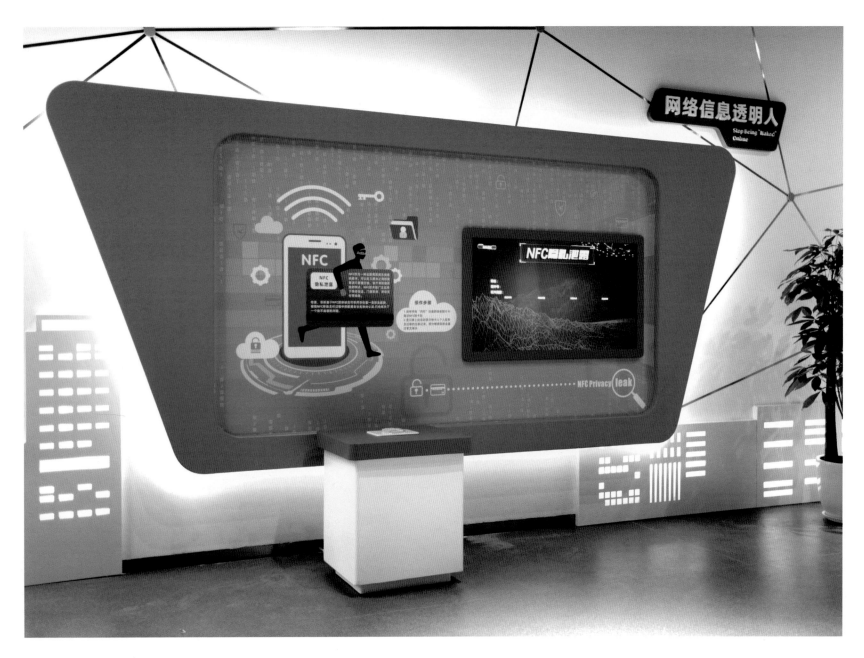

网络信息透明人

通过提供 NFC 透明人体验系统及配套的银行卡
读取设备，让公众直观地体会到 NFC 技术一旦被
黑客利用，自己的个人信息、财产信息、交易记录等
都会被窃取，仿佛瞬间变成"透明人"。

我们都是卡片人

运用艺术化的手段，将各种实物卡片组合成一个人体形状，寓意当今时代的人们离不开各类卡片，而这些卡片与个人财产安全紧密相关，引起公众对信息时代个人财产安全的关注。

保险箱不保险

展项以锁具为切入点，引导公众关注保险箱的核心安全问题；介绍了市面上几种常见类型的保险箱，分析了不同种类保险箱锁具的优势、劣势和安全性对比等，为公众的实际选择提供帮助。

智能门锁的安全

以智能门锁为核心，展示 IC 卡、指纹、密码等类型
门锁的安全风险；通过互动，帮助公众了解门锁的
原理，并提供切实可行的安全建议。

世界硬币

以实物展示为主要形式，磁悬浮比特币模型周边分布着各国实体硬币，介绍数字货币的概念、区块链的知识、数字货币的产生与发展及其伴随的风险。

我的包裹安全吗？

智能快递柜在提供便利的同时也存在一定的隐患问题。公众可以模拟快递员和用户两种身份，根据操作步骤提示进行体验。

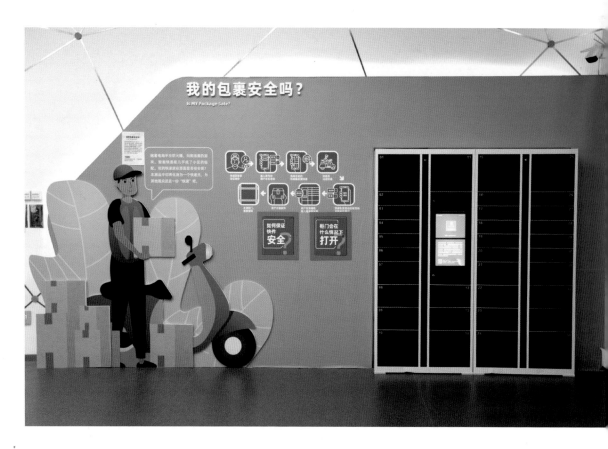

家庭空间安全区
Family Space Security

网络改变生活，智能家居让家庭更精彩。智能安防，安全便捷、一键放心；智能家电，实时保障、贴心响应；各种各样的机器人，提供全维服务；无处不在的智能连接、智能硬件，让家庭"随心所欲"。智能之中有隐忧，认知安全风险，提升安全意识与防护技能，做到防患于未然，才能守护好"家"的港湾。

50-60年代

年代全家福

通过照片形式让公众直观感受年代家居的变化，了解智能化时代家居电器的演变，家居主要展示20世纪50至60年代、70年代、80年代、90年代和21世纪初的家居风格。

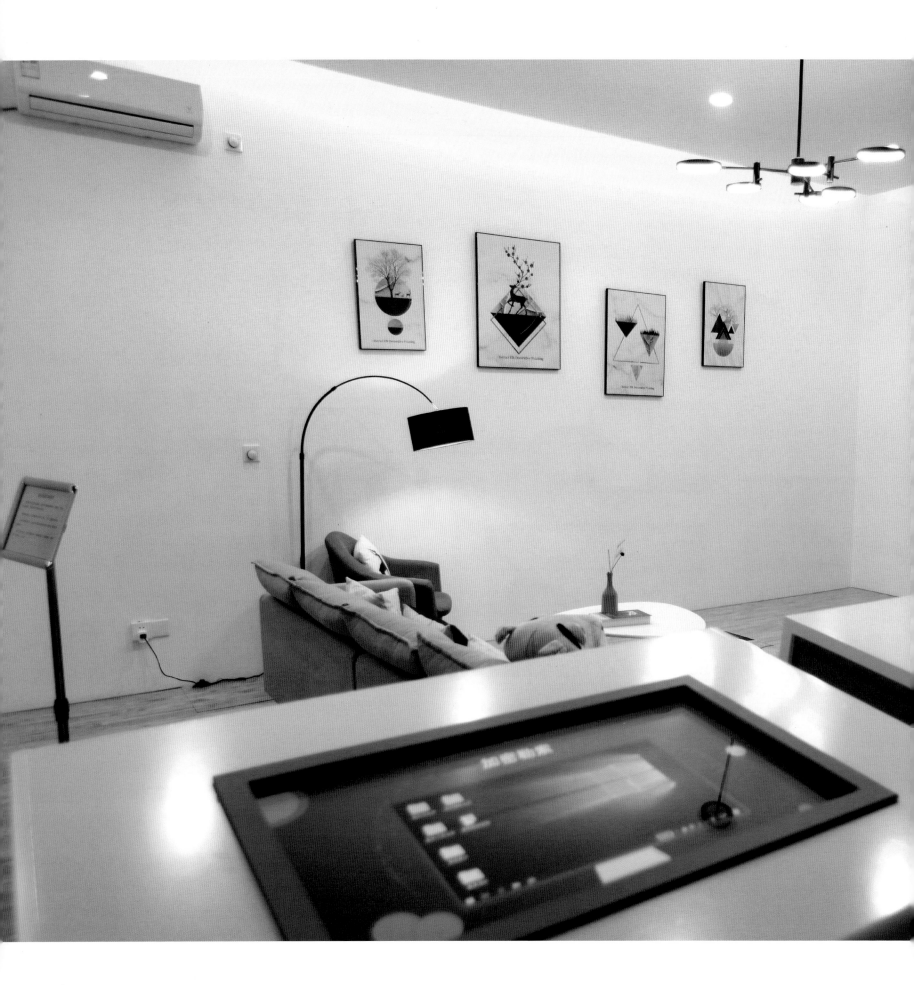

智能家庭空间

通过智能家居场景的构建，让公众体验真实的智能家居生活。面对庞杂的智能家居安全问题，展项聚焦于核心的 Wi-Fi 安全和以网络劫持、加密勒索为代表的网络安全问题，展现与大众生活真正的密切关联。

青少年网络安全区
Teenagers' Cybersecurity

　　国家高度重视青少年网络安全，相继出台一系列保障青少年健康上网的法律法规，不断加强网络空间治理力度，持续推进网络内容建设步伐，为广大网民特别是青少年营造了一个风清气正的网络空间。当前，全社会高度关注青少年网络安全，下大力气加强防护技术研究、制度规范建设，努力构筑保护青少年健康上网的防线。

健康上网法律法规

通过触摸屏和图文板，向公众展示了健康上网相关的法律法规。为进一步营造健康、文明、和谐的网络环境，加强青少年网络安全教育，国家制定了一系列法律法规，引导青少年规范使用网络，保障青少年健康成长。

走进"网生代"

通过照片墙的形式，展示当代中国青年人生活的瞬间。公众可以
将自己的照片上传到墙上，融入其中；通过趣味性的互动，自己
的照片与其他观众的照片巧妙联合，展示公众作为网生代一员
的日常生活。

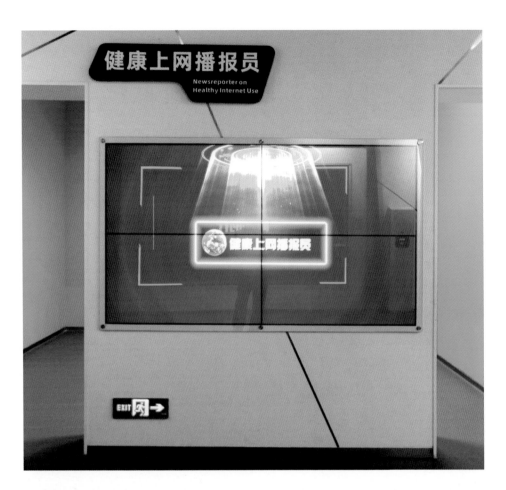

健康上网播报员

还原了电视播报场景，通过游戏检验公众是否能准确辨别网络信息；设置绿幕，在绿幕前朗读青少年网络事件新闻，其他人将看到其作为新闻主持人出现在电视新闻中的场景。

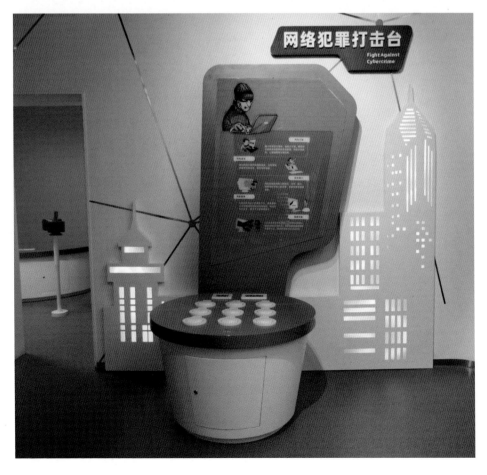

网络犯罪打击台

以互动游戏的方式学习网络犯罪知识，设置了打地鼠形式的展台，公众需要在青少年正常上网与网络犯罪行为之间进行区分，挥动锤子打击犯罪行为，结合墙面图文学习相关知识。

白帽黑客成长记

通过图文展示的方式，为公众揭开白帽黑客的神秘面纱。
白帽黑客不同于恶意攻击者，是网络世界中正义的一方，他
们严格遵守网络安全法律法规，并且公布漏洞方式，维护
计算机和互联网的安全、稳定。

健康上网、健康生活

通过一个真实的上网场景，让公众了解沉迷网络的危害。操作计算机，屏幕上的沙漏开始计时，投影中出现观众的形象。随着时间的流逝，投影中观众的形象逐渐变得疲劳、衰老，出现皱纹和肥胖等现象。

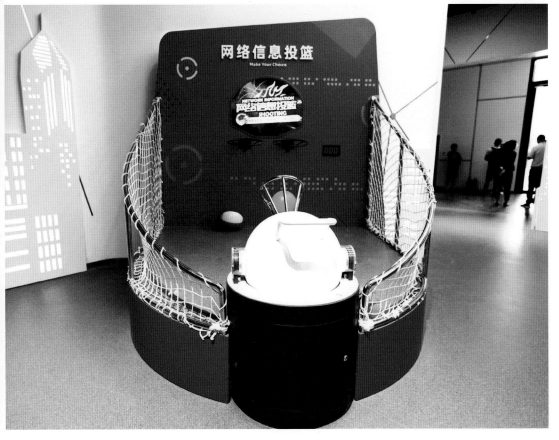

网络信息投篮

通过网络投篮的游戏，让公众畅游网络的同时，学会区分普通信息和对身心健康有害的不良信息；设置互动投篮，左、右各设置一个篮筐，分别代表有害信息和普通信息，通过气流将小球投入对应的篮筐。

二层：
政企安全区
Second Floor
Government and Enterprise Security

我国经济社会发展进入新常态，互联网为新常态注入了新动力，信息流带动技术流、资金流、人才流、物资流高速运转，互联网与传统产业、实体经济、社会发展高度融合，在推动创新发展、转型升级、化解危机中发挥了积极作用。没有网络安全，就没有经济社会的稳定运行。维护网络安全，需要重点提升政府、企业、社会组织等层面的安全防护能力。

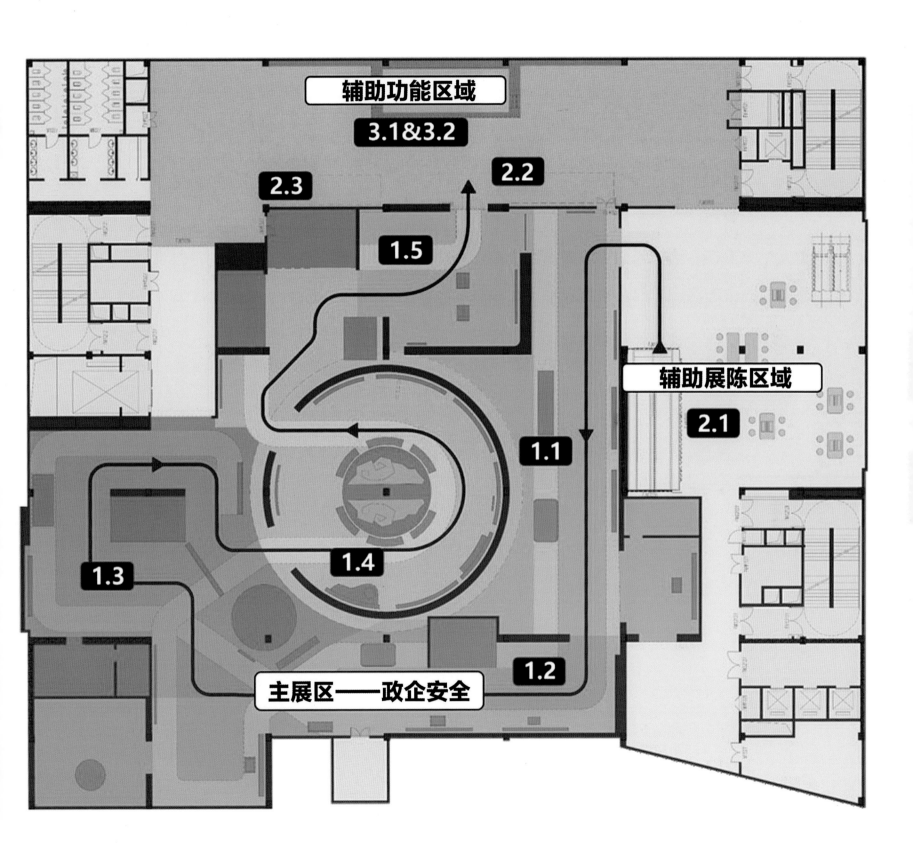

辅助功能区域

3.1&3.2

2.3

2.2

1.5

辅助展陈区域

2.1

1.1

1.3

1.4

1.2

主展区——政企安全

网站安全区
Website Security

　　网站是信息时代政府企业与千家万户联通的"门户"，个人信息登录、政府服务公开、企业营销运转等都需要通过网站来进行。维护网站安全成为维护政企安全的第一道关卡。守护网站安全，构筑严密的"防护网"是保障政企安全、个人信息安全的重要基础。

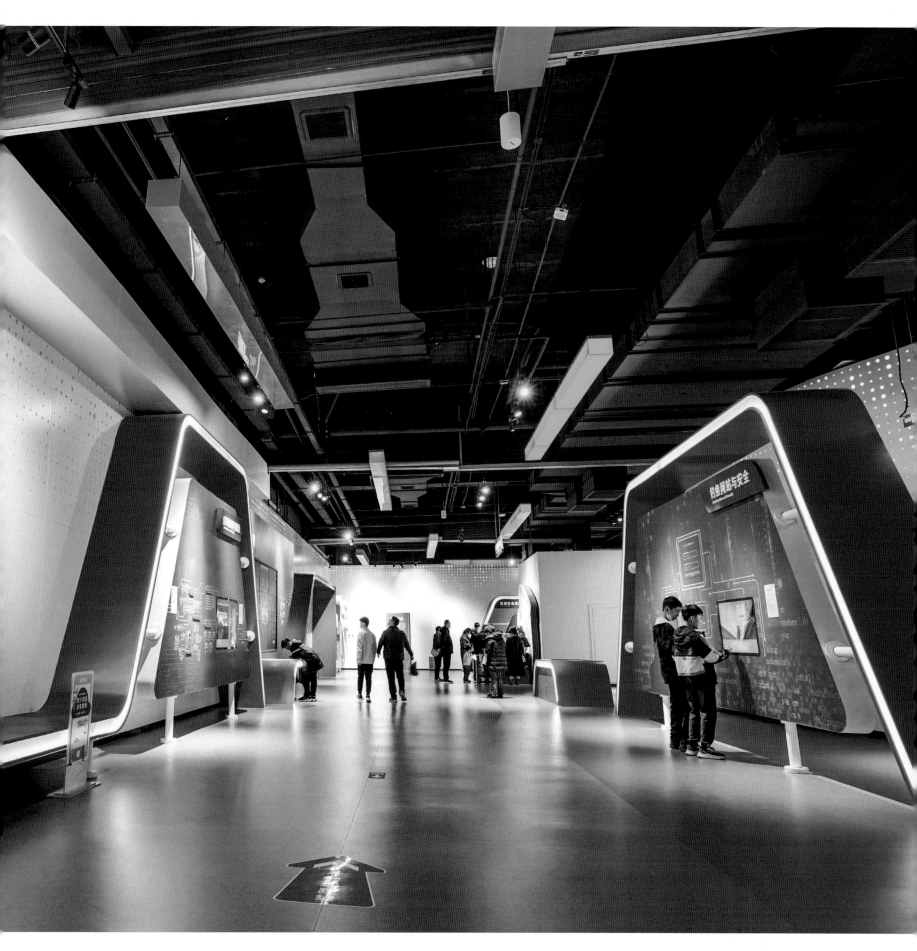

网站与网页

通过图文版及拼图板块,将网站的架
构进行全景呈现,让公众对网站的基
本架构有整体的认知。网页是因特网
上可以访问的信息页。

钓鱼网站与安全

通过文字与插画相结合的形式,向公
众展示什么是网站钓鱼、钓鱼网站分
类、钓鱼网站传播方式等;通过日常
游戏网站钓鱼交互的方式,加深公众
对钓鱼网站的认识。

守护网站安全

展示了河南省行政区及若干企业的网络安全态势，包括网络、数据、业务等六个维度，全面分析和评估网络安全，通过互动交互方式介绍上述维度下的监测技术、防护技术，动态展示防护措施部署后达到的效果，让公众更直观地了解数据给我们带来的信息，提升预见能力，尽可能地减少损失。

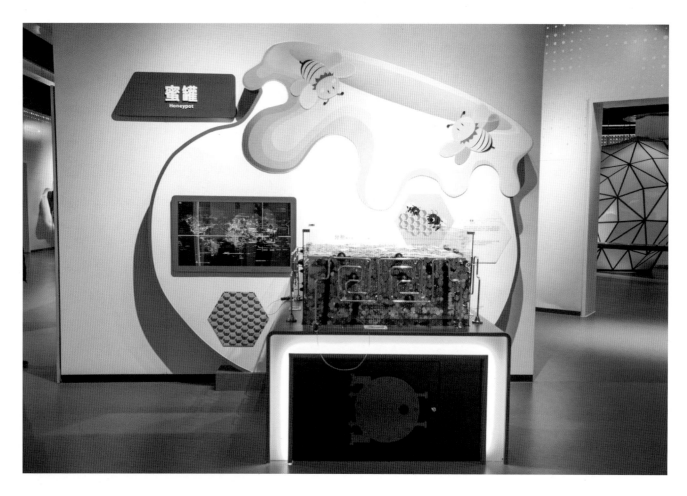

蜜罐

通过手眼协调的互动项目和动画影视解说，
让公众在体验游戏的过程中了解蜜罐这一
网络安全防护技术的原理和应用场景。

数据安全区
Data Security

随着数据成为新的生产要素，呈现出迅猛增长、海量聚集的特征，对经济发展、社会治理、人民生活都产生了重大而深刻的影响。数据安全是政企网络安全的关键，涉及广大人民群众利益、社会稳定、国家主权安全和发展利益。维护数据安全，需要加强政策、监管、法律的统筹协调，需要加快关键技术创新，更需要提高全社会数据安全意识和防护能力。

数据的一生

采用机械小球互动体验的方式，通过8个一组、黑白小球运动场景，让公众了解数据生产、存储、传输、访问、使用、销毁等不同环节的数据基础知识。

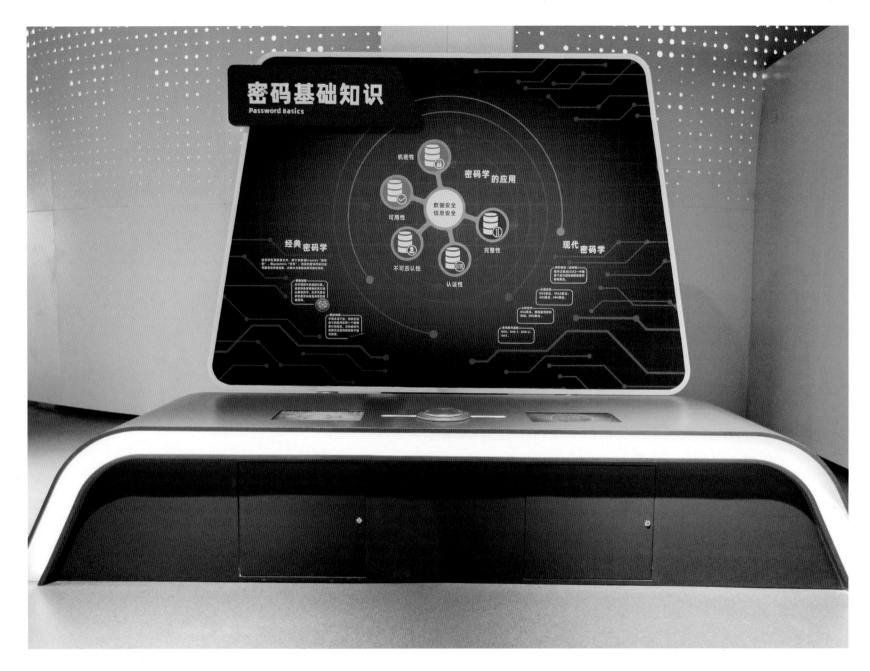

密码基础知识

密码学有着悠久的历史。展项通过图文影视和凯撒密码
装置进行展示和互动,让公众使用触摸屏和密码机轮盘
进行加密和解密,了解从古至今的密码处理技术。

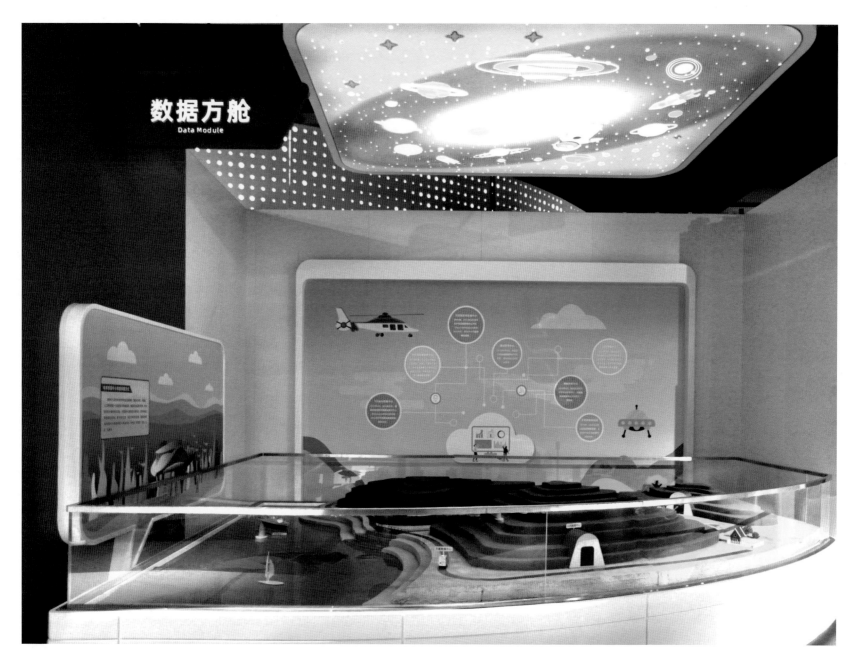

数据方舱

通过图文展板、沙盘模型、实物模型等形式展示未来网络空间数据安全领域，让公众了解基于战时应急、突发公共安全处理、重要活动保障的数据中心物理承载方式，如车载、热气球、浮空器、数据卫星、山洞、海底等。

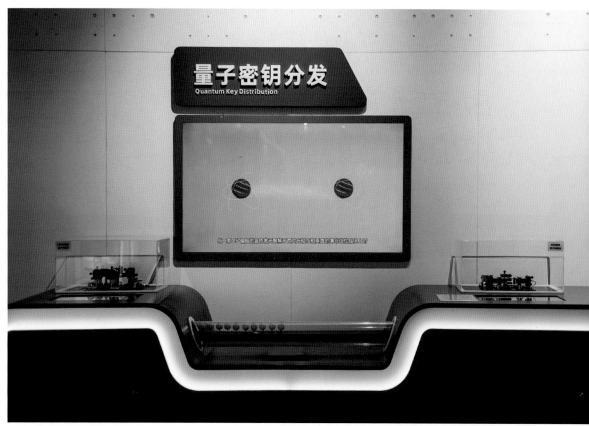

量子密钥分发

量子密钥分发利用量子力学特性来保证通信安全性。展项通过影视介绍的形式，用乒乓球传递模拟量子密钥分发的过程，让公众进行互动，了解量子密钥分发知识。

量子学习空间

量子计算技术起源于 20 世纪 80 年代美国物理学家提出的量子自然模拟概念。展项展示了量子计算机温控部件的真机模型及量子学习机等，通过文字介绍和模拟场景，让公众了解量子计算机及量子计算技术的发展。

专用领域网络安全区
Dedicated Domains' Network Security

网络无处不在，网络包罗万象。物联网、车联网、园区网、办公网、物流网连接着政府与企业，连接着社会与个体。网络形态不同，风险隐患不同，安全策略不同。面对形形色色、功能各异的网络，公众既要驾驭好、使用好，更要洞悉安全风险。

电商安全

从网络交易数据的采集、分析处理、算法模型的识别判定，到违法线索的研判产出，展项全面立体化展示了网络交易违法线索监测识别的整个链路和过程，让公众实际体验辨识假冒伪劣产品、查证厂商信誉、回溯质量路径等过程。

车联网安全

通过智能网联汽车模型，让公众体验灯光劫
持、自动开锁、控制鸣笛等攻击形式，了解
智能网联汽车的安全风险和防范知识。

园区物联网安全

通过智能楼宇沙盘的方式, 向公众展示物联网安全领域网络病毒的传播与感染、数据破坏等安全风险及对应的安全措施。

智能系统网络安全区
Intelligent Systems' Network Security

数千年来，人们对智能有着无限畅想，智能让生活更丰富多彩。未来将是人工智能的时代，人工智能将更加深刻地改变社会和生活。但是，人工智能也给网络空间安全带来了新挑战，脆弱性发现的门槛不断降低，样本对抗越来越激烈，智能不可控的隐忧依然存在。统筹安全与发展的关系，实现趋利避害，才能让人工智能造福人类。

智能时代

展项以半封闭的大脑空间为载体，通过三维动画和特效，向我们展示了人工智能时代，海量数据爆发所引发的"信息茧房"现象及对此现象的思考，观众可进入大脑进行沉浸式体验。

语音样本对抗

采用图文版和音频体验相结合的互动方式，公众可以通过体验智能语音对抗游戏，了解语音被攻击前后发生的变化。

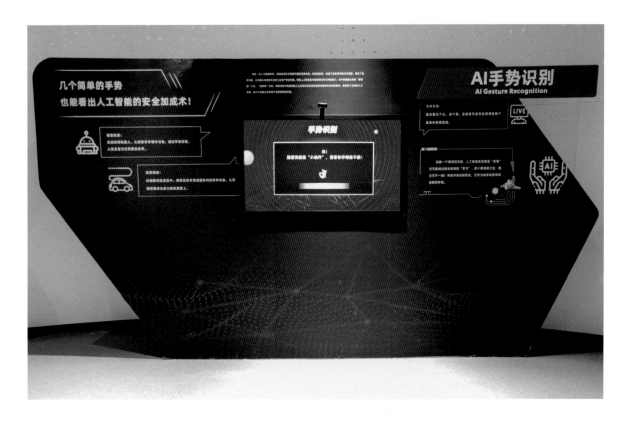

AI 手势识别

通过现场互动的方式，借助摄像头和手势模型的智能识别系统，构建机器与人用手势进行交互的场景，让公众体验人工智能的最新应用。

A4 隐形人

基于深度学习模型存在被对抗样本攻击的背景，设计
"见人即关闭"门禁系统，公众须使自身"隐形"，令
智能摄像头无法识别才能通行。公众可在此实际体
验对抗样本在物理世界的威胁，了解 AI 安全常识。

机器特工

以实景重现的方式，构建了一个机器特工接力传递情报的场景，由展演人员后台操作机器人上演特工大片，结合地形搭建灯光特效，为公众带来震撼的视听体验。

智慧农业安全

以温室大棚为模型,通过对温度和湿度等的
智能调控,维持大棚内的生态平衡,让公众
亲身体验农业物联网技术成果。

网络安全等级保护区
Cyber Security Graded Protection

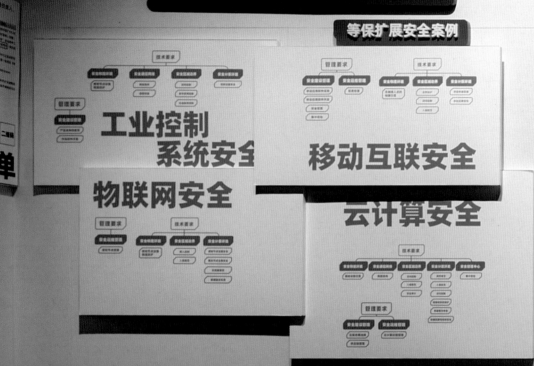

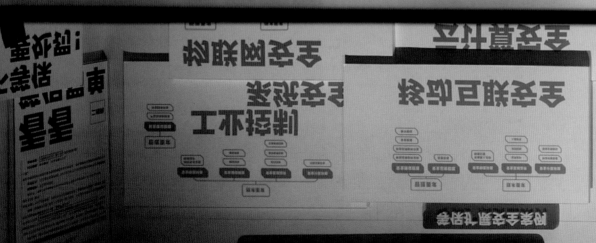

等级保护知识长廊

采用立体宣传画的形式，通过等级保护不同阶段重点的提炼
和梳理，让公众了解网络安全等级保护如何分级、如何实施、
如何检查等基本知识，并应用于自己的工作中。

网络安全等级保护
实施方式

等保是闭环

等保靠标准

基础要求
- GB/T 1189—2017《网络安全等级保护2.0标准要求》
- GB/T 22240—2008《信息系统安全等级保护定级指南》
- GB/T 25058-2019《信息系统安全等级保护实施指南》

测评环节
- GB/T 28448-2019《信息安全技术网络安全等级保护测评要求》
- GB/T 28449-2018《信息安全技术网络安全等级保护测评过程指南》

建设整改
- GB/T 25070-2019《信息安全技术网络安全等级保护安全设计技术要求》
- GB/T 22239-2019《信息安全技术网络安全等级保护基本要求》
- GB/T 36959-2019《信息安全技术网络安全等级保护测评机构能力要求和评估规范》

等保划分等级

5 专控保护级
4 强制保护级
3 监督保护级
2 指导保护级
1 自主保护级

等保交给专业

等保是法

网络安全等级保护
基础概念

1994 → 1999 → 2008 → 2016 → 2019

网络安全等级现阶段进入"等保2.0"时代

等保2.0

都要等保

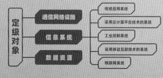

定级对象
- 通信网络设施
- 信息系统
  - 传统应用系统
  - 采用云计算平台技术的系统
  - 工业控制系统
  - 采用移动互联技术的系统
  - 物联网系统
- 数据资源

等保来了

三层：
社会安全区
Third Floor
Social Safety Zone

没有网络安全就没有国家安全，网络安全是国家总体安全的重要组成部分。维护国家网络安全，需要强化忧患意识、使命意识，树立正确的网络安全观，加强信息基础设施网络安全防护，提升网络安全事件应急响应能力，加快核心技术创新步伐，积极发展网络安全产业，不断提升广大人民群众在网络空间的获得感、幸福感、安全感。

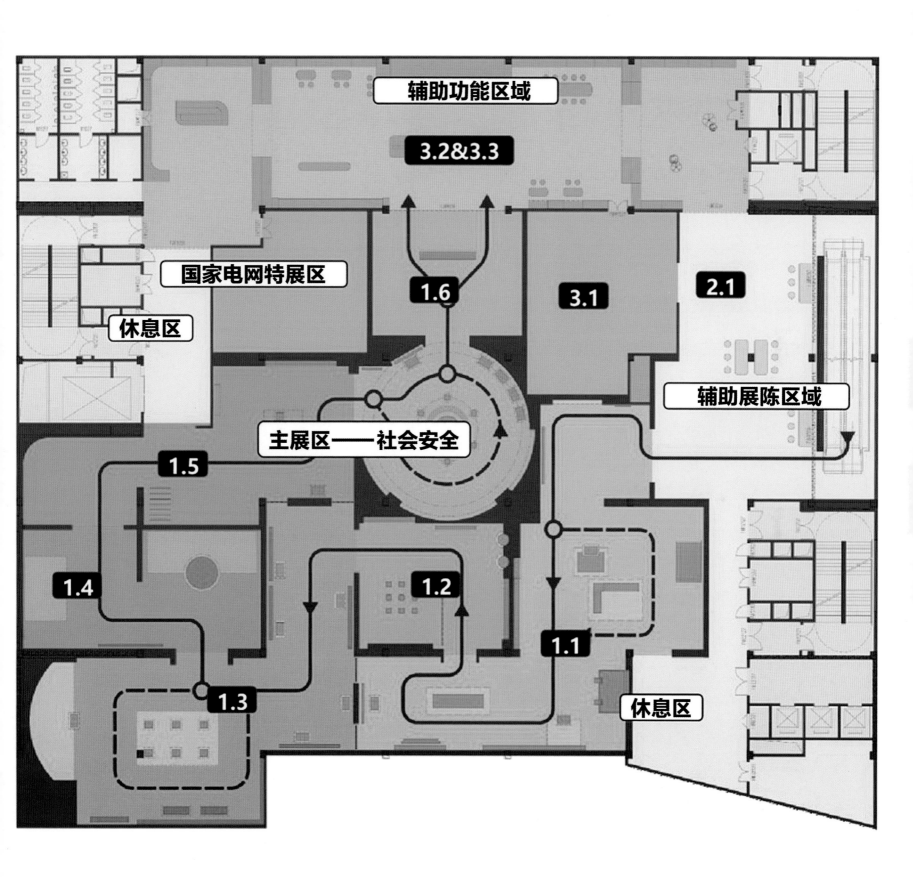

辅助功能区域

3.2&3.3

国家电网特展区

休息区

1.6

3.1

2.1

辅助展陈区域

主展区——社会安全

1.5

1.4

1.2

1.3

1.1

休息区

窃密与反窃密区
Information Theft and Anti-theft

进入信息时代，网络空间成为窃密与反窃密的新战场。聪者听于无声，明者见于未形。打好信息时代的暗战，需要深入了解窃密与反窃密的新手段、新形式，需要了解技术发展的趋势；需要知道风险在哪里，是什么样的风险，什么时候发生风险；需要全社会强化忧患意识、保密意识，提高保密技能，共同筑牢保密防线。

信息时代的暗战

公众可以观看投影中的内容了解信息时代的暗战，了解窃密与反窃密的新手段、新形式，以及技术发展的趋势，从而强化保密意识，提高保密技能，筑牢保密防线。

网络空间成为暗战博弈的新战场

新型窃密手段

通过机械互动和墙面视频图文展示黑客窃取信息的9种方法:麦克风窃密、
风扇窃密、传感器窃密、电源线窃密、声波窃密、智能灯泡窃密、手机电池窃密、
热感应窃密、超声波窃密,帮助公众了解其窃密原理,增强自身防范意识。

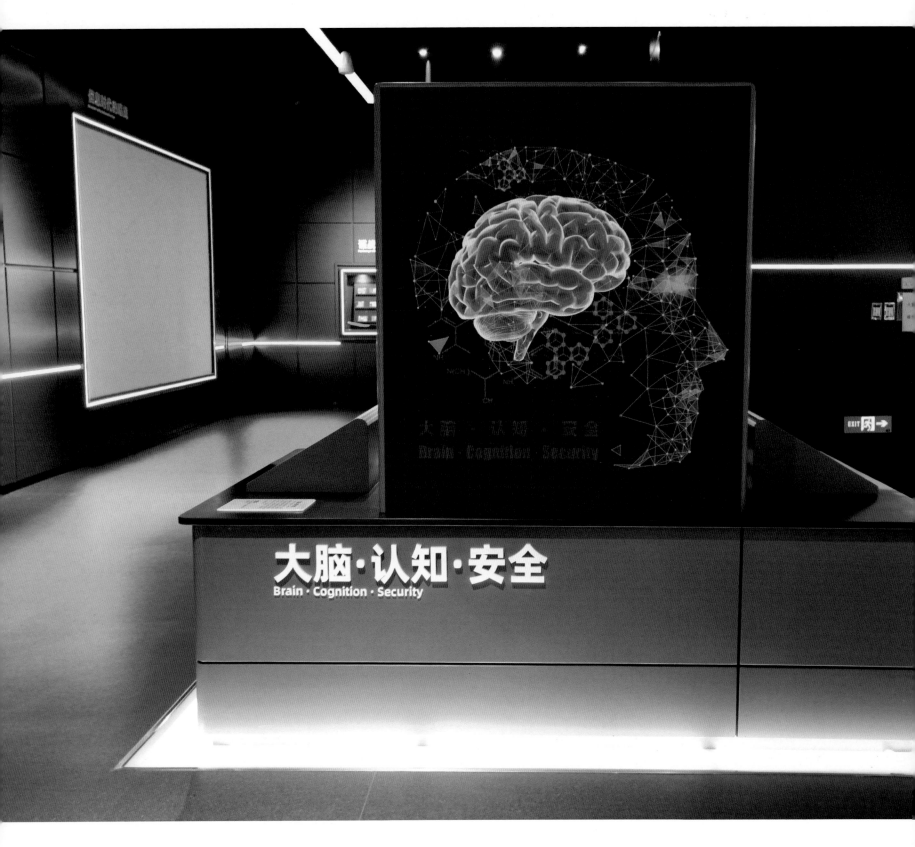

大脑·认知·安全

由大脑模型、音视频互动屏等组成，公众点击屏幕中人体头部不
同区域，展示柜中相应的大脑模型会亮起，公众可通过显示器了
解对应大脑区域的功能，了解未来认知信息的窃取原理。

激光窃听

通过由显示器、激光模拟装置等组成的模型演示,让公
众亲身体验激光窃听场景,了解通过激光技术进行窃
听的技术原理,增强敌情意识和保密观念。

找到特洛伊

通过沙盘模型和视频演示的方式，将木马病毒的命名来源与运行原理生动展现，内置多种检测技术，可对木马攻击进行交叉检测和交叉验证。公众在观看与互动中，对相关知识形成系统连贯的认知和理解。

摆渡攻击

展项由墙面图文、显示屏幕、U 盘模型组成，通过实体互动的形式，让公众了解摆渡攻击的基本原理和操作过程，增强对物理隔离网络防范的安全意识。

网络安全事件区
Network Security Incidents

进入 21 世纪，随着互联网和信息化的快速发展，各种窃密手段层出不穷，造成了各种各样骇人听闻的网络安全事件，给人类社会造成了十分恶劣的影响。这些网络安全事件也为世界敲响了警钟。

网络安全大事记

通过图文海报的方式, 展示了 29 件典型的网络安全
重大事件, 包括震网病毒、棱镜门事件、熊猫烧香病
毒等。公众可在此做简要了解, 增强自身安全意识。

网络安全事件放映厅

通过视频投影和图文版的呈现方式，展示网络空间主要攻击方式、重要的网络攻击的事件，如震网病毒原理、勒索病毒、"棱镜门"事件，加强私有技术的发展，强调信息安全国产化的必要性。

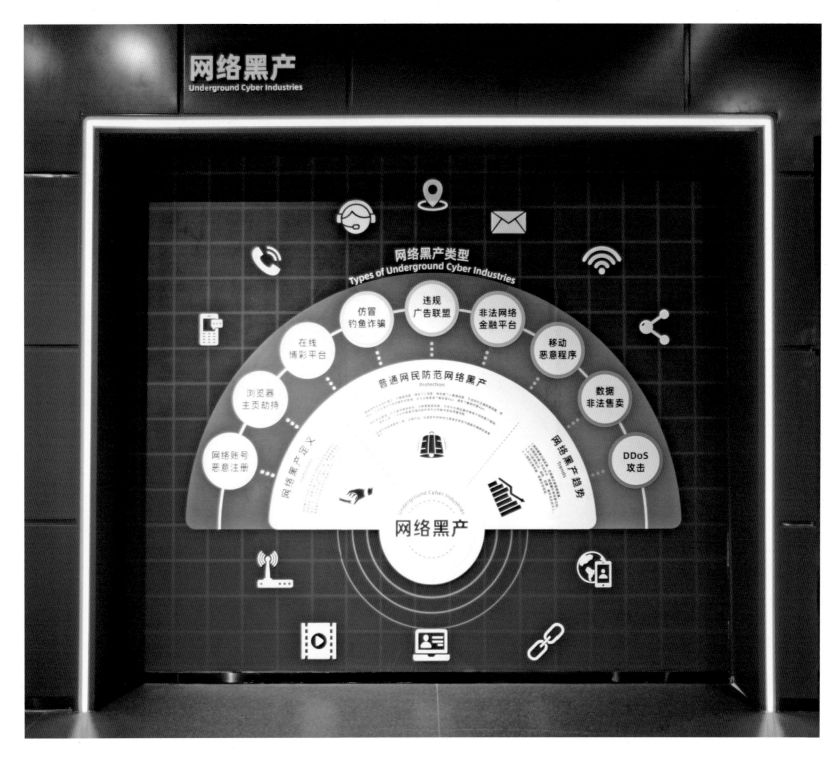

网络黑产

通过图文版的方式，向公众展示网络世界背后的网络黑产交易。网络黑色产业链是指利用互联网技术实施网络攻击、窃取信息、勒索诈骗等网络违法行为，以及为这些行为提供准备和非法获利变现的渠道与环节。

网络病毒大派对

通过三维动画及全息投影技术的形式，利用虚实
结合的方式，将病毒用卡通的形象幻化出来，生
动地演绎了病毒的演变和攻击过程，让公众更加
直接地了解病毒的攻击机理和真实面目。

国家关键信息基础设施区
National Key Information Infrastructure's Security

关键信息基础设施是指公共通信和信息服务、能源、交通、水利、金融、公共服务、电子政务等重要行业和领域，以及其他一旦遭到破环、丧失功能或数据泄露，可能严重危害国家安全、国计民生、公共利益的关键信息基础设施。国家关键信息基础设施是国家的重要战略资源，是经济社会运行的神经中枢，是网络空间安全的重中之重。

国家安全基础设施互动墙

通过图文展板及触摸互动的形式，向公众展示了关键信息基础设施中的法律法规、信息安全事件的影响及防护技术等。公众可以触摸墙面上的白色浮动图案，触发投影内容播放，观看网络安全事件及防范科普知识。

弹出攻击是发生在靶场，并非真实环境

国家基础设施安全

通过三维沙盘和大型互动秀相结合的形式，以电力系统、轨道交通、航空系统、金融系统四大系统为例，展示了各关键基础设施遭受到网络攻击的场景，帮助公众了解网络威胁的危害，加强网络安全防范意识。

PLC、SCADA 发展演变

通过实体物品的展示，向公众展示
PLC、SCADA 的样貌及发展历程。

APT 攻击区
APT Attacks

　　21 世纪以来，国家之间的战争博弈分为两方面，一方面是传统的军事战争，另一方面就是网络战争，而 APT 就是网络战争最主要的攻击手段。这个展区介绍了网络攻击的主要手段——APT 攻击。APT 是由国家或者大型组织发起的高级可持续定向攻击。APT 组织善于隐匿自己，针对特定对象，长期、有计划性和组织性地窃取数据，通常会运用受感染的各种介质、供应链和社会工程学等手段，针对一个国家的党政机关、国防军工、科研院和关键信息基础设施等进行网络攻击。

APT 攻击态势

通过对 APT 攻击组织及事件的可视化展示，详细地介绍了重要 APT 攻击事件的各维度数据，帮助公众更加具象地、全面地了解 APT，强化公众的网络安全意识、国家安全观念。

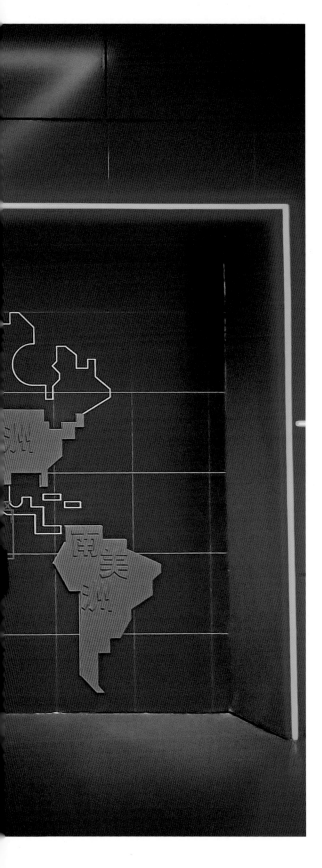

全球 APT 组织

通过地图与文字结合的方式，详细
地向公众介绍现今全球已经公开的
APT 组织和热点追踪情况。APT 组
织遍布在全球多个国家和地区。

APT 防范技术

通过图文展板的形式，向公众介绍包括情报检测、入侵检测、行
为检测等更全面、更先进的新一代安全检测技术。当前，基于特
征检测的安全技术在检测和防御 APT 方面效果很不理想。

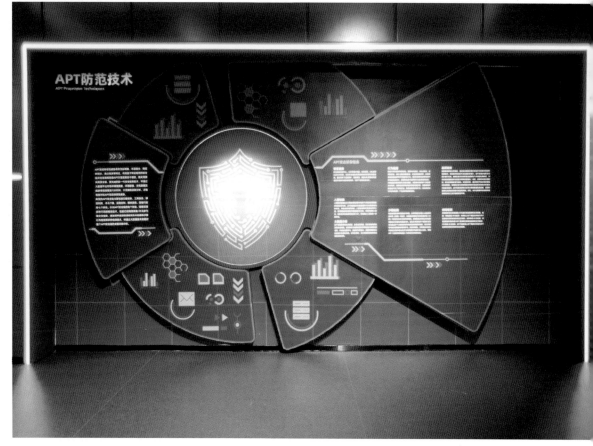

供应链安全区
Supply Chain Security Zone

在经济全球化时代，保证供应链安全关键靠自己。核心技术受制于人是最大的隐患，供应链的"命门"掌握在别人手里便不堪一击。掌握我国互联网发展主动权，保障网络安全、国家安全，必须突破网络信息核心技术这个难题，有决心、有恒心、有重心，争取实现"弯道超车"，在关键核心技术上取得新的重大突破。

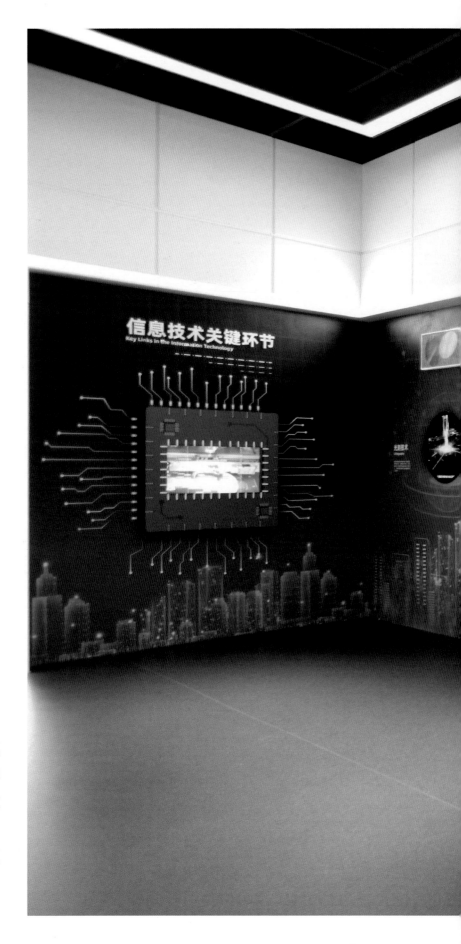

信息技术关键环节

以芯片外观模型显示屏、OS 模型外观显示屏、GPU 外观显示屏等 5 个造型屏为主要载体，通过墙面图文与视频相结合的方式，介绍了我国信息技术关键环节技术及其在供应链中的重要地位，增强公众的民族自豪感。

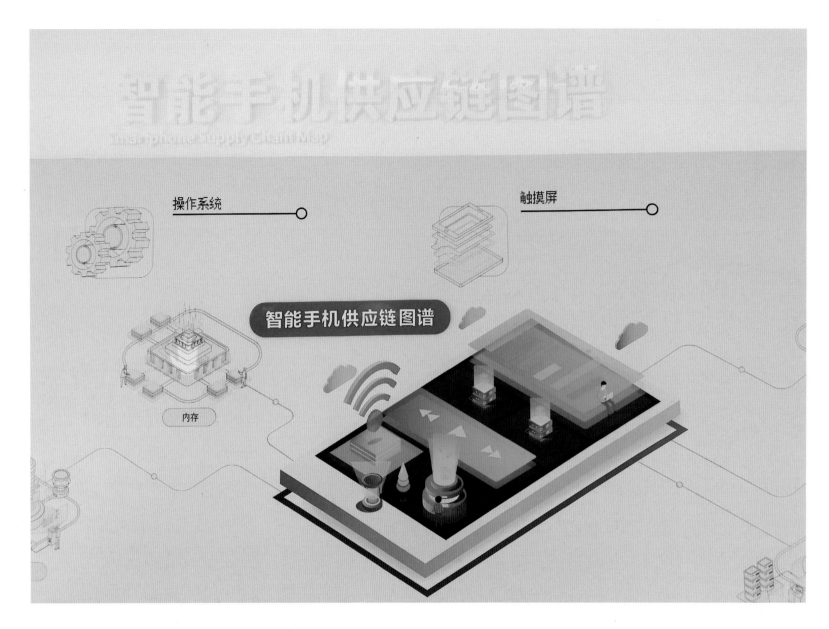

智能手机供应链图谱
Smartphone Supply Chain Map

操作系统

触摸屏

智能手机供应链图谱

内存

供应链图谱

分为智能手机供应链和服务器供应链图谱两部分，浮
动图标被点击后即可触发对应动画内容，通过趣味直
观的画面展示来达到寓教于乐的目的。

筑起我们新的长城

展示 HJD-04 型大中容量程控电话数字交换机（简称 04 机的模型），介绍其背景及历史地位，让公众了解其研制成功为我国网络信息技术发展带来的重大突破。

网络空间精神家园区
Cyberspace Spiritual Home

　　网络空间是亿万民众共同的精神家园。网络空间天朗气清、生态良好，符合人民利益。建设网络空间精神家园要本着对社会负责、对人民负责的态度，依法加强网络空间治理，加强网络内容建设，做强网上正面宣传，培育积极健康、向上向善的网络文化，用社会主义核心价值观和人类优秀文明成果滋养人心、滋养社会，做到正能量充沛、主旋律高昂。

了不起的数字

以墙面图文形式，通过图文版展示互联网基础建设、网民规模及结构、互联网应用发展等方面的内容，综合展示我国互联网发展状况，力图通过核心数据反映我国"网络强国"建设历程。

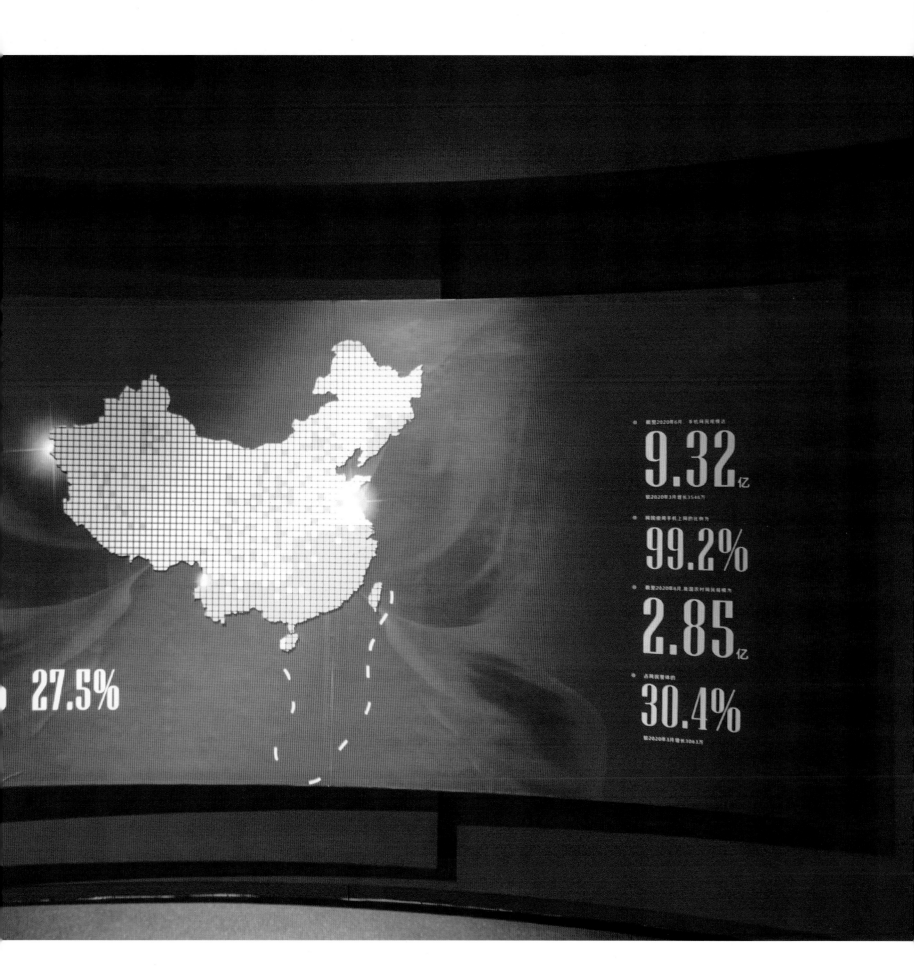

共筑同心圆

网络空间是亿万民众共同的精神家园。展品以 LED 屏地球仪形式
呈现，公众可以选择任意触摸台，将手按置台面相应区域，底部连
接地球仪的灯带亮起，意味着志愿加入"共筑同心圆"行动。

争做中国好网民

由墙面图文及 LED 屏组成，通过图文和多媒体视频播放，向公众展示各种网络不良信息内容，呼吁公众共同抵制网络不良信息，营造清朗的网络空间。

净化网络环境

通过图文和视频的形式，介绍净网、护苗、秋风等系列行动，让公众了解清除网络空间不良信息系列行动的成果和我国打击网络不良信息的决心。

网络强国金句墙

设置墙面图文和显示屏播放，展示了习近平总书记
关于建设"网络强国"的若干金句。

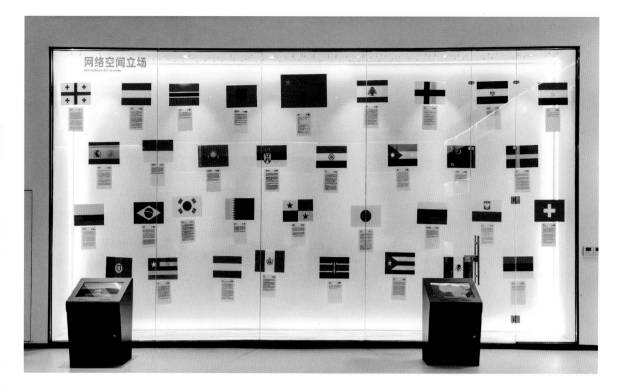

网络空间立场

通过艺术封装向观众展示全球关于网络空间的立场及相关涉网法规,公众可查询相关国家(或地区)的相关内容,墙面展示柜中为不同国旗及其网络空间立场内容。

著名网络安全研究机构

通过艺术封装,向公众系统展示世界各国设立的网络安全研究机构,侧面展示国家层面对于网络安全的重视。

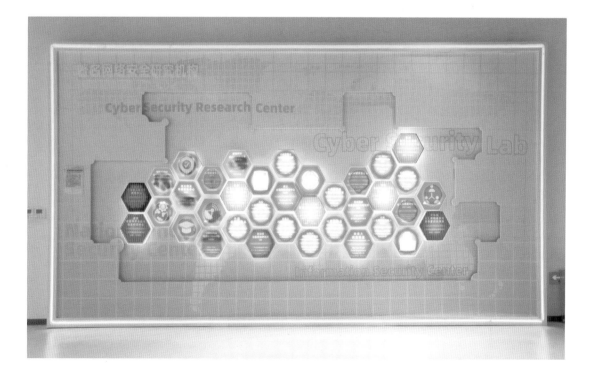

电网安全区
Grid Security

电力资源作为国家重要战略资源，是现代社会和经济运行的神经中枢、动力之源，对于社会正常生产、民众日常生活，具有极为重要的意义。展项通过展示国家电网的成就、电网遭到网络攻击的典型事件、潜在威胁，提醒公众树立网络安全、国家安全意识。

木马植入体验

扫描二维码是我们生活中经常遇到的场景，不法分子会利用系统的漏洞，扫描二维码后下载恶意程序被植入木马，手机通讯录、短信、通话记录、位置信息等被窃取，终端设备被远程控制。

四层：
综合竞技区
Fourth Floor
Comprehensive Sports Area

　　我国经济社会发展进入新常态，互联网为新常态注入了新动力，信息流带动技术流、资金流、人才流、物资流高速运转，互联网与传统产业、实体经济、社会发展高度融合，在推动创新发展、转型升级、化解危机中发挥了积极作用。没有网络安全就没有经济社会的稳定运行。维护网络安全，需要重点提升政府、企业、社会组织等层面的安全防护能力。

　　网络空间的竞争归根结底是人才的竞争。人才是第一资源，建设网络强国需要一支宏大的人才队伍，需要人才创造力迸发、活力涌流的良好环境。同时，网络安全的本质在对抗，对抗的本质是攻防两端的能力较量。网络安全竞赛为网络安全人才培养提供了一个摔打磨练、对抗博弈的有效平台。

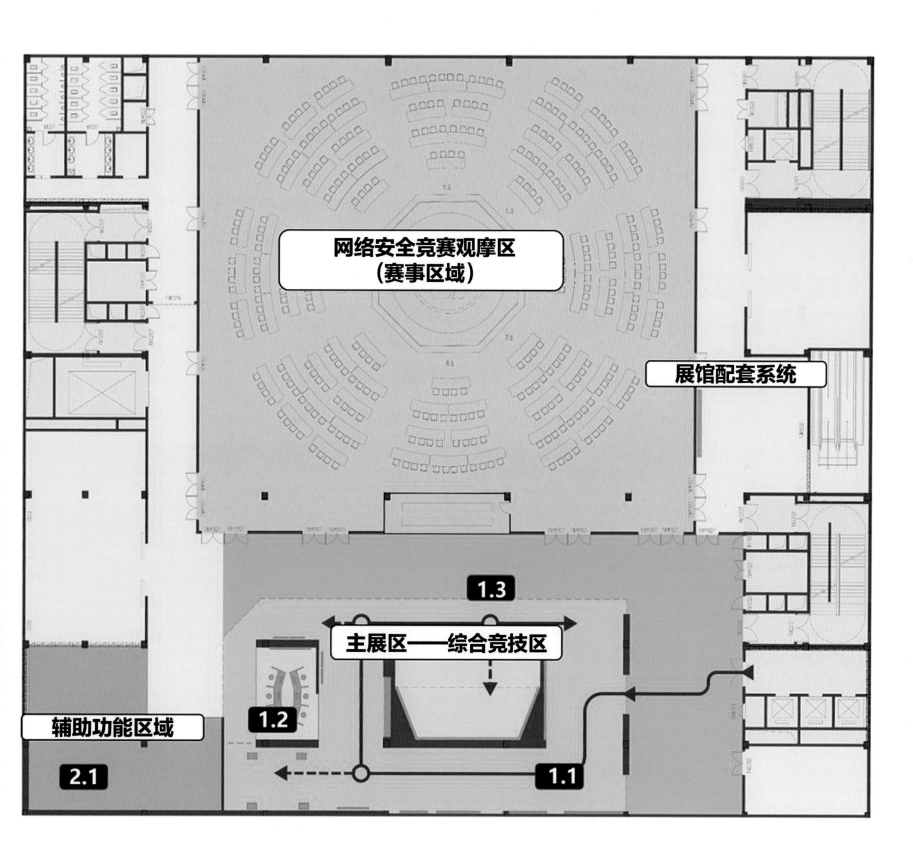

网络安全竞赛观摩区
（赛事区域）

展馆配套系统

1.3

主展区——综合竞技区

1.2

辅助功能区域

2.1

1.1

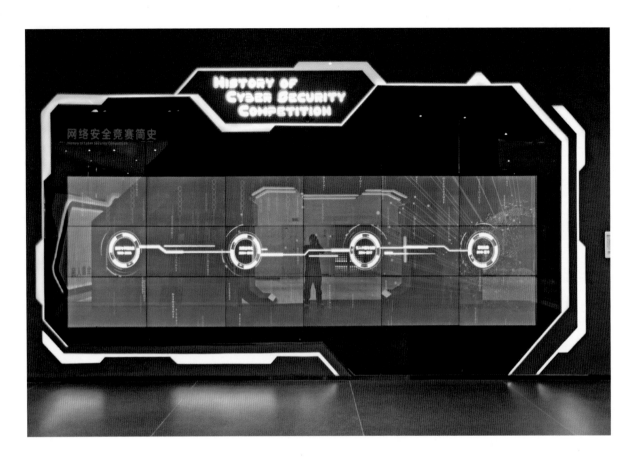

网络安全竞赛简史

通过互动拼接屏的方式，介绍网络安全竞赛起源、发展、创新、规范的演进历程，对从竞赛起源、早期发展、全球化、进入中国再到蓬勃发展至今的几个重要时间节点进行划分，多维度地展现了网络安全竞赛简史的发展历程。

网络空间安全人才培养

通过图文交互、触屏互动的方式，介绍我国网络安全人才发展历程、培养体系乃至辅助证书教育，全面展示网络安全人才培养的重点内容；通过图文展示和视频演示，介绍网络安全人才培养体系的内容。

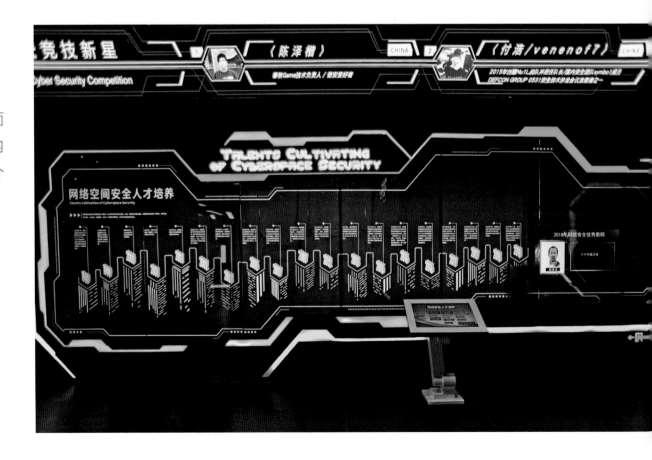

网安之心

通过体感互动游戏的方式，向公众传递"人是网络安全的核心"这一理念。做好安全工作，先要解决人的问题。公众站入互动空间，摆出相应姿势联通光路，最后定格拍照。

一流网络安全学院

通过图文和视频，展示网络空间学科建设情况。以高校为主体，自愿申报、择优评定，国家加强指导和支持，充分发挥地方政府、企业和社会各方面积极性，共建世界一流网络安全学院。

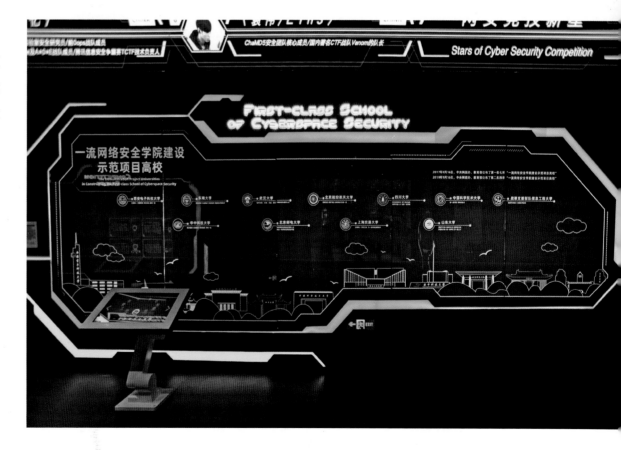

等你来挑战

通过网络安全竞赛形式，让公众体验网络安全竞赛的
氛围和乐趣。大星球、小星球、三维拓扑等多彩的观赛
界面在平台中得以复现。根据难度，分为入门级"夺旗
赛"、进阶级"攻防赛"、挑战级"渗透赛"。

网场点兵

通过透明玻璃展示柜, 展示知名网络安全竞赛获奖者的
奖杯及其证书; 重要网络安全会议、论坛邀请函、代表证、
纪念品; 网络安全大赛冠军的赛服、参赛证、奖杯、证书等,
引发公众对于网络安全赛事的关注。

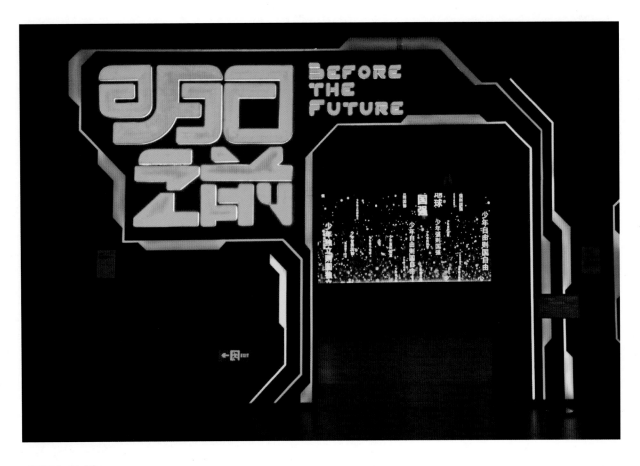

明日之前

通过视频形式,展示网络安全相关领域的沈昌祥、王小云、邬江兴等八位院士对后辈的寄语和厚望。每一位青少年都应为建设网络强国贡献出自己的力量,扛起一份维护网络安全的责任,携手共建明日更加强大的网络强国!

赛场

用太极八卦的设计理念,构建了传统与现代、人文与科技相结合的网络安全赛场。这里不仅是"强网杯"的永久赛场,也将承办其他网络安全主题的相关竞赛,着力打造国家网络安全赛事顶级品牌。

辅助空间
Auxiliary Space
一层
Ground Floor

网络剧场

播放全国首创的《网络安全大作战》，这是第一部反映网络安全主题的动画形象片，表现网络安全为人民，网络安全靠人民的主题。网络剧场空间还兼具会议功能，可满足 300 人的网络安全主题研讨会的召开。

网络商场

位于一楼出口处，是一个线上线下联合的商城，出售
网络安全科技馆的系列文创及其他商品，另设网络商
城及提货点，公众可随时购买或自提。

网络教室

位于一层大厅入口处，设三种教室类型：教学
室、研讨室、机房。每间教室都设有大屏，方便
进行教学或研讨。

二层辅助空间
Second Floor
Auxiliary Space

网络秀场

由一块 4320*1440 的大显示屏组成。未来将作为承办临展及企业各类发布会等重大活动的场地。

电脑的演变

设置实物展柜,陈列不同年代、不同品牌及型号的电脑设备,如最早的计算机、电子管计算机等,介绍电脑的演变史。

键盘艺术化陈列

设置不同键盘组成的艺术装置墙,通过艺术化的表达,展示不同年代、不同品牌及型号的键盘。

鼠标艺术化陈列

用不同鼠标组成了艺术装置墙，通过艺术化的表达，展示不同年代、不同品牌及型号的鼠标。

数字化展陈区

整体由视频点播、问答测试、竞技体验三部分组成，为网络安全爱好者提供一个交流、展示、学习的平台。墙上展示信息工程大学化长河教授提笔的网络空间赋。

三层辅助空间
Third Floor Auxiliary Space

万维之旅

国内第一个也是目前唯一一个以网络安全为主题呈现的沉浸式互动投影体验空间。群落结构的光和漫天铺洒的数据影营造一个无界的万维空间，让网络的感官具象在眼前，量身定制的剧情脚本，层层递进的内容记忆点，成为数字化泛娱乐科普的网红打卡点。

网络书吧

阅览休息区，休闲的同时可以阅读一些网络安全方面的书籍，向公众普及网络安全知识，提高网络安全意识。兼具读书会、新书发布会、网络安全研讨会等之用。

四层
辅助空间
Fourth Floor
Auxiliary Space

网络餐厅

为民惠民
Serving and Benefiting the People

新春系列活动

在高新区管委会的支持下，网络安全科技馆在新春佳节之际，结合馆内实际，创新开展"牛转乾坤新气象·网安邀您过大年"特色主题活动，包括春联窗花贺新春、缤纷彩蛋日、光影大秀日、烧脑闯关日、平安放送日及网络猜灯谜等活动，邀请全国人民开开心心过大年。

共建共育
Build and Nurture Together

警馆共建

网络安全科技馆联合郑州市公安局高新分局签署共建网安联合实验室协议，提升打击防范网络电信诈骗犯罪的能力，推动网络空间安全技术创新。

馆际牵手

"牵手"上海科技馆,签署合作协议,正式结成"手拉手"共建单位,推动科普场馆科技交互、文化交流、人员互通、资源互联。

校馆联合

联合国内一流网络空间安全学院签署共建"实践教育基础"协议,共同探索网络安全科学普及新路径和资源共享、合作共建的新模式。

中央苏区反第一次大"围剿"陈列馆
网 络 安 全 科 技 馆
馆际"手拉手"共建单位
郑州（国家）高新技术产业开发区
二零二一年六月

红一方面军总司令部旧址
网 络 安 全 科 技 馆
馆际"手拉手"共建单位
郑州（国家）高新技术产业开发区
二零二一年六月

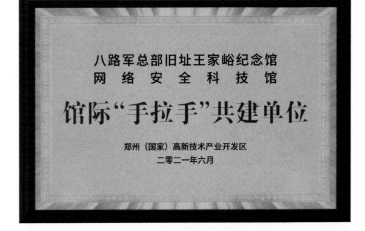

八路军总部旧址王家峪纪念馆
网 络 安 全 科 技 馆
馆际"手拉手"共建单位
郑州（国家）高新技术产业开发区
二零二一年六月

李 白 烈 士 故 居
网 络 安 全 科 技 馆
馆际"手拉手"共建单位
郑州（国家）高新技术产业开发区
二零二一年六月

中国科学技术大学网络空间安全学院
实践教育基地

北京航空航天大学网络空间安全学院
实践教育基地

北京邮电大学网络空间安全学院
实践教育基地

华中科技大学网络空间安全学院
实践教育基地

上海交通大学网络空间安全学院
实践教育基地

东南大学网络空间安全学院
实践教育基地

馆际"手拉手"合作单位
郑州（国家）高新技术产业开发区
2021·郑州

武汉大学国家网络安全学院
实践教育基地

四川大学网络空间安全学院
实践教育基地

西安电子科技大学网络与信息安全学院
实践教育基地

山东大学网络空间安全学院
实践教育基地

聚焦网安
Focus on Cyber Security

2020 年国家网络安全宣传周

2020 年国家网络安全宣传周

2020 年国家网络安全宣传周以"网络安全为人民,网络安全靠人民"为主题,主要活动包括网络安全高峰论坛、数字化展会、主题晚会、全民知识竞赛等。

作为多项重要活动举办地,郑州建设"一中心三基地六载体":网络安全科普教育基地、郑州市网络安全科普教育基地(智慧岛)三大基地;"主题高铁、主题地铁公交、主题银行、主题公园、主题餐厅、主题校园"六大网络安全宣传载体。网络安全科技馆成为普及网络安全知识的新打卡地。

网络安全进基层活动六载体

设置网络安全主题高铁、主题地铁公交、主题银行、主题公园、主题餐厅、主题校园，六大网络安全宣传载体，进行网络安全主题设置，不间断地开展互动小游戏和宣传活动，宣传普及网络安全常识和技能。

支撑强网
Support the Strong Net

第四届强网杯比赛开幕式

"强网杯" 线上赛

2020 年 8 月 22 日，第四届 "强网杯" 全国网络安全挑战赛线上赛在网络安全科技馆正式启动。17 位来自一流网络安全学院建设示范高校及竞赛组织委员会、评审仲裁委员会的多位专家共同出席大赛开幕式，见证第四届 "强网杯" 盛大启动。据悉，此次 "强网杯" 全国网络安全挑战赛共吸引全国各行业 3121 支战队、20061 名网络安全精英参与其中。

"强网杯"系列赛事

由中央网信办、河南省人民政府联合指导的第四届"强网杯"全国网络安全挑战赛线上赛经过持续 36 小时的激烈角逐最终圆满落幕。

"强网杯"全国网络安全挑战赛线下赛、青少年专项赛和创新作品赛等系列赛事在 2020 年国家网络安全宣传周期间全线登录，全面推动网络安全教育、技术、产业融合发展，助力人才培养、技术创新、产业发展的良性生态建设。

强网读书节系列活动

第四届"强网杯"全国网络安全挑战赛强网读书节系列活动启动仪式于2020年国家网络安全宣传周首日在郑州国家高新区网络安全科技馆举行。活动主题为"书香安全、汇智强网",旨在通过网络安全相关新书发布及好书推介,向公众普及网络安全知识,进一步推动青少年科学普及工作,绽放科学之美、传播科学精神,吸引更多网络英才投身网络强国建设事业。

服务产业
Service Industry

产业运营 招商提质

以网安周为契机, 落位 9 大网安龙头
企业; 网安加速营, 京、沪、杭、深、郑,
5 城同开, 链接优质网安企业 260 家;
已实现入园区 31 家, 拟入园 19 家。

郑州市高新区网络安全产
业本地产业链现状全景图

数据来源: 赛迪顾问 2020, 08

启明星辰
芯盾网安

云智信安

网络安全	终端安全	安全管理	数据安全
VPN 防火墙 / IDS/IPS / 抗DDOS产品 / 上网行为管理 / 网络审计 / 设备准入 / DNS安全 / UTM / 网闸	安全管理平台 / 日志人性与审计 / 安全策略管理 / 安全基线与配置 / 漏洞评估管理	终端防病毒 / 主机监控与审计 / 终端检测与响应 / 主机/服务器加固 / 终端安全管理	加密机 / 数据灾备 / 数据库审计及防护 / 文档管理及加密 / 数据防泄漏

网络安全产品

身份与访问管理 | **应用安全** | **业务安全** | **安全支撑工具**

身份与访问管理	应用安全	业务安全	安全支撑工具	
安全管理平台 / 日志人性与审计 / 安全策略管理 / 安全基线与配置 / 漏洞评估管理	Web漏洞扫描 / 邮件安全 / Web应用防火墙 / 网页防篡改 / 代码安全	反钓鱼 / 反欺诈 / 业务风控 / UEBA / 其他	安全配置检查工具 / 等级保护测评工具箱 / 安全测评工具 / 信息系统风险评估工具	其他

信安通信

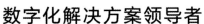

| 向心力 | 汉江电子
金惠计算机 | | 向心力 |

安全培训教育	攻防训练平台	设计和产品部署	加固优化	检查测试	备份恢复	认证测评	风险评估	安全监理	安全保险	移动设备管理	物联网边界安全	工控设备安全
										移动应用安全	物联网终端安全	
										移动终端安全	物联网应用安全	工控边界安全

| 咨询 | 安全运维 | 安全评估 | 移动安全 | 物联网安全 | 工控安全 |

| 网络安全服务 | 网络安全应用 |

| 技术服务 | 应急响应 | 云安全 | 大数据安全 |

众测服务	舆情监控	网络空间资产测绘	溯源取证	响应处置	分析报告	建设实施	云基础设施安全	大数据平台安全
								数据安全
							云应用安全	隐私保护

| 启明星辰 |

中国网络安全空间协会、河南省信息
安全保密协会、河南省信息安全产业
协会、全国信息网络安全协会联盟、
河南省软件服务业协、中国安全信息
测评中心

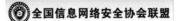

启迪控股、河南理工大学、郑州信
大先进技术研究院、郑州轻工业大
学、郑州大学、智联招聘、天基人
才网、卓米猎聘

中国人民解放军战略支援
部队信息工程大学、北京永
信至诚科技股份有限公司

启迪之星、基石基金、启迪科技服务（河南）有限
公司、高新区金融广场、中关村发展集团、北京中
关村发展前沿企业投资基金、河南投资集团

产业运营 生态提质

以五大平台为抓手，与产业形成互动，完成股权投资 2000 万；链接
研究院 2 家、院校 8 家、协会 26 家、媒体 30 家、基金 8 家等；构
建网络安全高质量生态，推动网络安全政策 2.0 出台。

产业发展 人才支撑

网络安全科技馆设有可容纳 200 人的多媒体功能厅、三间
40~60 平米的网络教室，配套座椅、计算机等设施，作为
开展网络课程、企业培训、小型赛事的场地。

DEF CON CHINA Party 中原会场

2021 年 3 月 20 日, 百度安全联手 DEF CON 在线上举办了全球首个全 VR 极客大会 DEF CON CHINA Party, DEF CON CHINA Party（百度）中原会场于网络安全科技馆四楼赛博厅举办, 邀请郑州大学软件学院副院长石磊, 北京永信至诚南方研究院负责人黄琦及百度安全主任架构师包沉浮专家做分享和点评。同时, 网络安全科技馆联合河南少林塔沟武校, 为现场观众们上演了一场精彩绝伦的大型武术现场秀《网安·天下》。

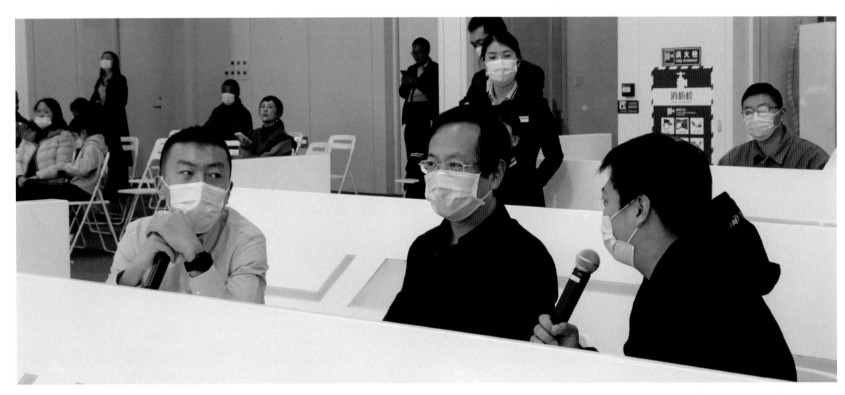

助力科普
Helping to Promote Science Popularization

行走的网安馆

网络安全科技馆作为中国第一个专业性网络安全主题展,展项丰富,架构完整、内容扎实。为进一步提升网安馆的辐射力,特决定搭建移动的网安馆,通过打造"行走的网安馆"移动宣教平台,普及网络安全知识。巡展区域预计覆盖全国 33 个省级行政区、314 个地级及以上区域,全国总体分 8 个版块进行,实现由高新区—河南省—走遍全国的全面积覆盖,让网络安全走进千家万户,让网安防护意识深入人民心中。

2021 年 1 月 10 日走进广州小蛮腰,助阵首个中国人民警察节警营开放日活动。以"共建网络安全,共享网络文明"为目标,针对社会公众关注的热点问题,营造网络安全人人有责、人人参与的良好氛围,让网络安全走进千家万户,打造"永不落幕的网安周"。

"走遍河南的网络安全科技馆"

为充分发挥网络安全科技馆科普宣教作用，扩大辐射范围，"行走的网安馆"将网安馆中个人安全、政企安全、社会安全三大主题展区浓缩为图文展板、科普教具、互动展项、智能硬件等 8 类 70 余项展品展项，打造可移动化网络安全科普宣教平台。

2021 年 3 月 27 日，"走遍河南的网络安全科技馆"扎实走出第一步，从郑州大本营出发前往开封，在全省范围内开展巡展活动，预计辐射河南省各地市，把网安知识送到千家万户，让网安防护家喻户晓。

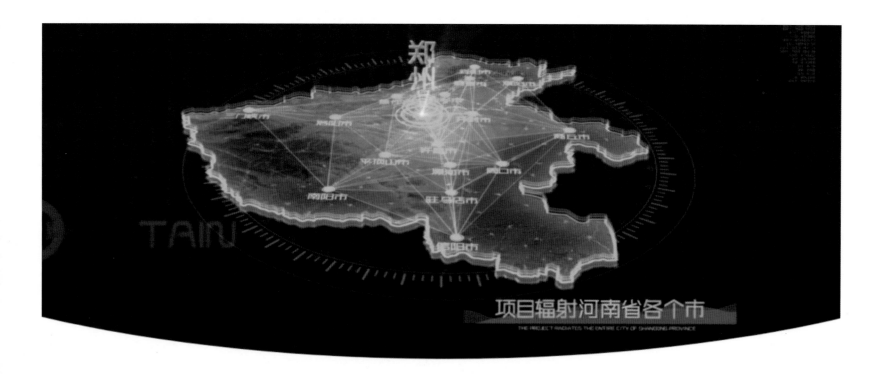

项目辐射河南省各个市
THE PROJECT RADIATES THE ENTIRE CITY OF SHANDONG PROVINCE

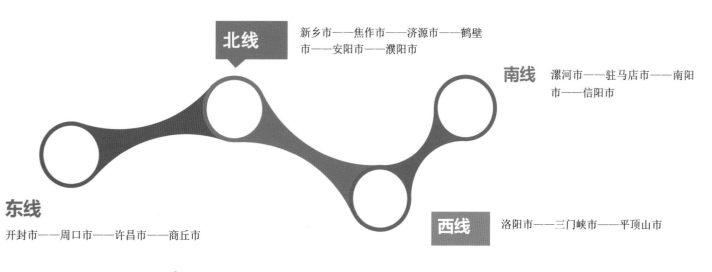

北线 新乡市——焦作市——济源市——鹤壁市——安阳市——濮阳市

南线 漯河市——驻马店市——南阳市——信阳市

东线 开封市——周口市——许昌市——商丘市

西线 洛阳市——三门峡市——平顶山市

巡展时间
2021年3月底至2021年7月中旬

巡展时长
3-5天

每个城市选择2个及以上地点进行巡展，一个地点定在市区，另一个地点在该市选择一个县。

大中小学网络安全课堂

为落实教育部印发的《大中小学国家安全教育指导纲要》及"针对高新区范围大、中、小学生开设网络安全主题课外活动"的指示精神，网络安全科技馆联合高新区社会事业局教研和智慧教育发展中心，合作开发"校馆联动、双师共育、理实结合"的网安教育新模式，让学生走进科技馆，从理论课堂、体验互动、成果展示三个模块学习网络安全知识。

科普讲座进校园

网安科普讲座进校园，科普相关知识，提升青少年及当代大学生的网络安全意识与技能。网络安全科技馆以"助力网安科普"为己任，真正做到从公众需求出发，为人民服务，以期减少网络安全事件的发生。

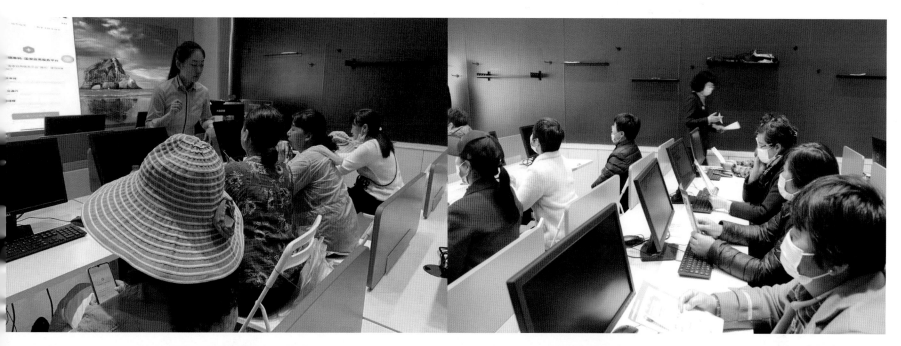

智慧老人课堂

网络安全科技馆响应国家号召填补老年人数字鸿沟，让老年人
在智能时代不被边缘化，特设"智慧老人课堂"。课堂致力于为
中老人普及网络知识、智能手机教学、普及反诈骗知识，助力老
人享受智慧城市，畅游数字生活。

《开课啦》系列课堂

设计开发《开课啦》系列课堂，线上线下同步开展，增强场馆的网络安全科普力。科技馆以聚焦安全、支撑强网、服务产业、助力科普为主题理念，面向不同群体开设更多课程，充分挖掘科技馆展项背后的网络安全知识与价值，助力网络安全科普。

雷锋日健康上网公益宣讲

网络安全科技馆于雷锋日在高新区创新大道小学和紫竹社区，组织网络公益志愿者服务队进学校、进社区，开展文明上网宣传志愿服务活动，大力宣传文明、安全上网，鼓励广大人民群众共同营造健康文明的网络环境。

生态辐射
Ecological Radiation

郑州（国家）高新区智慧城市试验场

郑州机械研究所

盾构及掘进技术国家重点实验室

国家超级计算郑州中心

郑州信大先进技术研究院

信息工程大学

汉威科技集团股份有限公司

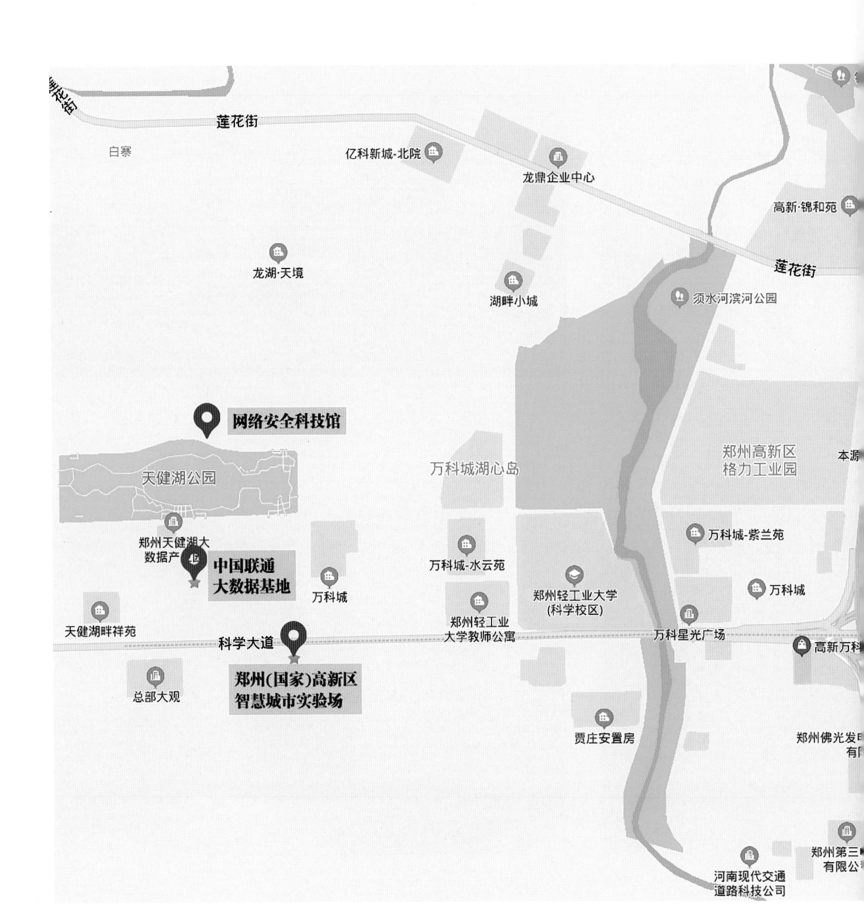

莲花街

白寨

亿科新城-北院

龙鼎企业中心

高新·锦和苑

龙湖·天境

湖畔小城

须水河滨河公园

莲花街

郑州高新区
格力工业园

万科城湖心岛

本源

网络安全科技馆

天健湖公园

郑州天健湖大
数据产

中国联通
大数据基地

万科城

万科城-水云苑

万科城-紫兰苑

郑州轻工业大学
(科学校区)

万科城

天健湖畔祥苑

科学大道

郑州(国家)高新区
智慧城市实验场

郑州轻工业
大学教师公寓

万科星光广场

高新万科

总部大观

贾庄安置房

郑州佛光发日
有限

河南现代交通
道路科技公司

郑州第三
有限公

周边导览地图

连霍高速

创新
学校

谦祥·万和城-D区

谦祥·万和城

石化

师新庄社区

汉威科技集团
股份有限公司

郑州信大先进技术研究院

学(主
松园

郑州大学

校区)
区南区

国家超级计算
郑州中心

主
园

信息工程大学

郑州大学

盾构及掘进技术
国家重点实验室

冬青街

新芒果春天

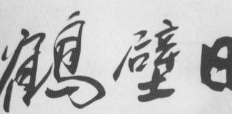

社会反响
Social Repercussions

传统媒体
Traditional Paper Media

广播电视
Radio and Television

网络新媒
Online New Media

郑州网络安全科技馆 | "时空长廊"已就绪 欢迎来到网络世界

中国日报网
郑州资讯 20-09-15 12:49 中国日报网官方帐号

位于网络安全科技馆一层的时空长廊。

"穿越"一条充满设计感的时空长廊，从"现实世界"到"虚拟空间"，在这里，只需挥一挥手，观众就能从两侧的屏幕上了解网络发展史、网络安全史。从这一刻起，来到网络安全科技馆的观众便化身数字信息开启一场奇妙的网络空间安全之旅。

9月14日，2020年国家网络安全宣传周启动。位于郑州（国家）高新技术产业开发区的网络安全科技馆是2020年国家网络安全宣传周的核心场场，也是国家级赛事"强网杯"全国网络安全挑战赛的永久赛场。展馆围绕个人安全、政企安全、社会安全、综合竞技，从个体到国家，从微观到宏观等方位、立体化、沉浸式的展现了网络空间的

作者最新文章

cheap date可不是"便宜的约会"，这些date你了解吗？

未来可期！"十四五"时期兰州市城关区要做这"五篇文章"

长安大学马克思主义学院重温长征精神，走好新时代长征路"实践活动圆满成功

相关文章

2500亿元! 阿安转迎爆发奇点

任翱翔：让网络安全深入人心

首页　新闻中心+　融媒产品+　专业资讯+　访谈直播　河南高考+

新华网> 新华网河南> 新闻图片> 正文

探访郑州国家高新区网络安全科技馆

本文来源：新华网　2020-09-15 09:55:05　编辑：程文超

分享至手机

新华网> 新华网河南> 河南要闻> 正文

郑州高新区推出"强网初心、红色记忆"主题展览

本文来源：新华网　2021-06-28 17:38:42　责任编辑：程文超

新华网郑州6月28日电(记者刘怀丕)近日，郑州高新区联合国内10余家纪念馆、陈列馆，在郑州高新区网络安全科技馆推出"强网初心、红色记忆"主题展活动。

八路军郑州...技大学校史...

据介绍...个月、行程...创作而成。

本次展...30余件，发...

光影河南

解放军报客户端　　免费下载

"强网初心 红色记忆"主题展览在郑州开幕

2021-06-27 20:34

在庆祝中国共产党成立100周年之际，在河南省委网信办指导下，郑州高新技术产业开发区联合国内10余家纪念馆、陈列馆，推出"强网初心、红色记忆"主题展览，现正式面向社会开放。该展览由网络安全科技馆策展团队历时近3个月、行程18000余公里，探访国内14个省市、24座城市、40个革命历史馆后，汇聚28个瞬间、100余个红色网信故事，按照历史脉络进行呈现，展现了无形空间、隐藏战线的斗争历程，搭建了网信领域、高新技术行业、电子信息领域党史教育新平台，表达了用红色网信基因砥砺建设网络强国的信心与决心。

"强网初心 红色记忆"展览现场 (摄影 张晓路)

中共中央网络安全和信息化委员会办公室
Office of the Central Cyberspace Affairs Commission
WWW.CAC.GOV.CN　　请输入检索关键词

首页　权威发布　办公室工作　网络安全　信息化　网络传播　国际交流　地方网信　执法监查　政策法规　互动中心　教育培训　业界动态　工作专题

当前位置：首页 > 正文

国内首个! 伸手就能玩转网络安全"黑科技" 你心动了吗?

2020年09月18日 15:40　来源：中国网络网　　【打印】【纠错】

前不久，河南郑州天健湖畔，造型别致的网络安全科技馆惊艳亮相。作为国内首个以网络空间安全为主题的科学普及设施，网络安全科技馆为2020年国家安全宣传周重要活动举办场地，是"强网杯"全国网络安全挑战赛的永久赛场。场馆内，连接虚拟与现实的时空长廊、互动投影空间万维镜、模拟AI大脑的智能时代等每一部分展品或是提供可交互、沉浸式体验，或是将晦涩的原理以简单的实验方法演示出来，令人大开眼界的同时，也强化了民众的网络安全意识。

这里是现实与虚拟的交界线

是科技原理实体化的投影屏

在这里

网络安全"黑科技"触手可及

你心动了吗?

跟随"网信中国"小编的脚步，一起来看!

人民网 > 河南频道 > 河南各地

"走遍河南的网络安全科技馆"来信阳啦

2021年07月12日13:02 | 来源：人民网-河南频道　　　T小字号

7月12日至16日，信阳市将开展"走遍河南的网络安全科技馆"巡展（信阳站）暨"网络文明实践月"主题活动。

据了解，此次来信阳巡展的"走遍河南的网络安全科技馆"是国内首个移动式、小型化、全封装的网络安全科普宣教平台。整个科普内容包含图文区、展项区、模型区和表演区四个部分，囊括图文、视频以及互动展项。

本次巡展集中展示时间为7月13日至16日，地点在信阳博物馆。为了更加贴近实际，集中展示期间还将穿插开展网络安全"五进（进机关、进校园、进企业、进社区、进农村）"活动，引导更多市民增强网络安全意识、提升网络安全技能。届时，市民可以通过网安动漫、说唱、故事汇、专家现场讲解等多种形式，详细了解网络安全政策法规、网络技术、常见风险、防范措施等知识。

（信阳网信办 许晓悦供稿）

热门排行

1. 习近平总书记在决胜全面建成小康社会100...
2. 鹤壁市委理论学习中心组举行集体学习 深...
3. 增强做中国人的志气骨气底气（思想纵横）
4. 郑州长途汽车中心站是否搬迁？回复：计划...
5. 在国家中心城市的"顶级赛道"郑州的科创...
6. 河南密集调整地市领导后，市委书记们的首...
7. 因地制宜推进乡村产业振兴（现场评论·为...
8. 郑州中招成绩明天中午揭晓查看了公布后有...
9. 2021年河南彩政直达这样花！

让网络安全走向大众 ——探访国内首个网络安全科技馆

来源：光明日报客户端 2020-12-02 15:56　　　听🔊

这里是中华文明的摇篮。九曲黄河，奔腾向前，自古以来就是农耕文明与游牧文明、中原文化与草原文化交流交融交锋，最终形成兼容并蓄、博采众长构建起多元一体的文化之源。

这里是中华民族的摇篮。巍巍中原，天下至中，炎黄二帝、腹商甲骨、秦砖汉瓦、少林太极、龙门石窟等历史音符遍布周围，在时间长河中不断革故鼎新，推动着社会生产力发展与进步。

金秋九月，我国又一项填补空白的主题场馆——网络安全科技馆正式开放。在当前信息化智能化时代到来之际，作为"强网杯"全国网络安全挑战赛、普及网络安全知识繁荣精神家园的实体平...

视觉焦点

第二批共40万剂国药新冠疫苗抵达澳门

北京市小学开学

最热文章

探访网络安全主题馆：体验潜在风险 带你揪出黑客

🌐 环球网
发布时间 20-09-14 13:29　环球网官方账号

本文转自【光明网】；

文图 光明网记者 李政葳

进入网络安全科技馆，要经过一条"时空长廊"，在这里，观众可以看到现实世界中自己的影像被扩大，随意看从现实世界走进虚拟世界；在这里，只需短短的几分钟，观众就能了解网络发展史、网络安全史。

网络安全科技馆位于郑州（国家）高新技术产业开发区天健湖畔，是2020年国家网络安全传播周的核心场景，也是国家级赛事"强网杯"全国网络安全挑战赛的永久赛场。围绕个人、政企、社会等网民身边的场景，设置了220余套展项和1700件件展品，是国内外首个网络安全领域的主题馆。

作者最新文章

京津冀联合开展鸟类等野生动物保护行动

印象一位醉酒被拍到坐在汽车引擎盖上 警方对其提起诉讼

拜登数克尔尔金被要求发誓增进中国，外媒：尽管双方表态极友好但仍存在明显分歧

相关文章

2500亿元！网安领域集发亮点

网络安全基本常识

网络安全

中国发布丨玩转网安周 "打卡"郑州网络安全科技馆

发布时间：2020-09-14 11:27:13 | 来源：中国网 | 作者：彭瑶

国内首个网络安全科技馆——郑州网络安全科技馆是2020年国家网络安全宣传周活动的核心场馆。中国网记者 彭瑶 摄

中国网9月14日讯（记者 彭瑶）2020年国家网络安全宣传周（以下简称"网安周"）将于9月14日-20日在河南郑州举行。国内首个网络安全科技馆——郑州网络安全科技馆成为此次网安周活动的核心场馆及强网杯安全挑战赛的永久举办场地。

河南郑州：讲好红色网信故事 汲取强网更大力量

郑州学习平台
2021-06-28

作者：顾宏杰

+订阅

2021年6月27日上午，由河南省网信办、郑州市网信办指导，河南郑州国家高新区网络安全科技馆联合国内10余家纪念馆、陈列馆、校史馆等单位推出的"强网初心 红色记忆"主题展览面向公众正式开展，探寻网络强国建设初心，提升网信领域党史教育实效，砥砺以强网支撑强国的信心与决心。

图个新鲜

他说中国

四川成都40亩向日葵

中美关系不会影响

帧像

当前位置：新闻 > 河南新闻 > 正文

2020年"网安周"今日启动 网络安全科技馆静待八方来客

2020-09-14 08:23:21 来源：郑州发布　　　A+ A-　📷🔊💬👍

2020年国家网络安全宣传周9月14日启动，记者来到了"网安周"的线下主场场、位于郑州国家高新技术产业开发区的网络安全科技馆，不管是场馆内部展厅的布置，"强网杯"线下赛场地的搭建，还是场馆周边道路、停车场及公交站牌等外部设备的建设均已到位。

热点关注

在互动体验中感受时代之变《十四五城市恶速度》发布上线

涉嫌严重违法 内蒙古能源建设投资集团外部董事季全辉被查

涉嫌贪污、受贿犯罪 汇达资产托管公司陶阔峰被"双开"

悬在城市上空的痛？高空抛物今天起入刑

河南明查：学校食堂禁用低价食材、食品

时隔9年 郑州出租车起步价将全面迈入"10元"时代

河南城记

点赞！方城姑娘于李立新：京城永河勇救人 不本色展示盛

走进网络安全科技馆 揭秘身边的网络安全"黑洞"

新华社
发布时间 20-09-15 20:40　新华社官方账号

14日，位于河南省郑州市的网络安全科技馆正式开始运行。作为2020年国家网络安全宣传周的核心场馆、国家级赛事"强网杯"全国网络安全挑战赛的永久赛场，网络安全科技馆围绕个人、政企、社会等元素，设置了多场立体化、沉浸式的生活工作场景。220余套展项和1700件件展品，让群众更加全面直观地了解身边的网络安全隐患，进一步提高网络安全意识。

记者：杨琳、姜亮

新华社音视频部制作

作者最新文章

南京大屠杀幸存者仅剩70人

柬埔寨国王西哈莫尼和太后莫尼列宋华

中央社会主义学院2021年春季开学典礼在京举行

相关文章

审视数据安全在国家层面的重要意义

[净网2021]网警带你揭秘杀鱼盘

建馆花絮
Building Highlights

设计图纸 12 余吨，历时 208 天，动用 2600 余人，完成 18742m² 总建筑面积……作为 2020 国家网络安全宣传周活动的核心场馆及强网杯全国网络安全挑战赛永久赛场，国内首个网络安全科技馆如期交付使用。

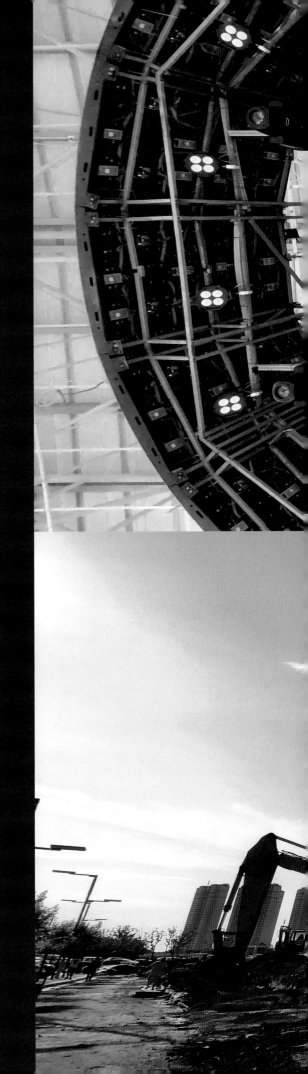

科技馆建设

2020 年 1 月 4 日，经过前期的紧张筹备和周密部署，各建设队伍火速进场，网络安全科技馆正式开工建设，一场与时间赛跑的战斗就此打响。寒风凛冽，白雪皑皑，施工现场却热火朝天，12 个内部团队、21 个外部团队、2600 余名参建人员轮班作业，24 小时不间断施工，科技馆从天健湖畔的一片平地中拔地而起。

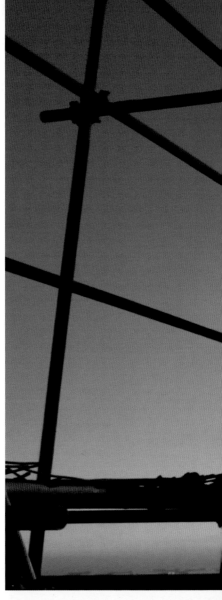

正式交付

2020 年 8 月 20 日，网络安全科技馆正式交付运营。

1000多名展陈策划

后 记

经过近一年的整理编辑，网络安全科技馆图册在各方的努力下终于付梓。我国作为世界上网络用户最多、网络覆盖范围最广、网络使用领域最大的国家，网络已成为大众学习、工作、生活的基础支撑。提升广大人民群众在网络空间的获得感、幸福感、安全感，必须遵循以人民为中心的思想。希望本书的出版，能够服务社会大众、丰富科普资源，为更大范围普及网络安全知识发挥一些作用。

本书的出版得到了河南省委网信办、郑州市委网信办、郑州市高新区管委会、电子工业出版社、复旦大学大数据研究院有关专家和同志的大力支持。网络安全科技馆的建立离不开业内专业网络安全公司永信至诚、合肥探奥有限公司、教育部高等学校网络空间安全专业教学指导委员会及 11 所一流网络空间学院等 40 多家单位的付出，在此表示由衷的感谢。未来，网络安全科技馆会始终铭记"网络安全为人民，网络安全靠人民"的立馆之本，用诚心服务大众，用奉献回馈社会。

由于编写时间仓促，书中难免存在瑕疵和纰漏，希望与广大读者共同交流探讨，诚请读者批评指正。